A Biologia Explica

A Biologia Explica

David Pereira Neves

Atheneu
Rio de Janeiro • São Paulo
2025

EDITORA ATHENEU

São Paulo	—	Rua Maria Paula, 123, 13º andar – Conjuntos 133 e 134 Tel.: (11) 2858-8750 E-mail: atheneu@atheneu.com.br
Rio de Janeiro	—	Rua Bambina, 74 Tel.: (21) 3094-1295 E-mail: atheneu@atheneu.com.br

PRODUÇÃO EDITORIAL/CAPA: FK Estúdio
DIAGRAMAÇÃO: Know-How Editorial

CIP-BRASIL. Catalogação na Publicação
Sindicato Nacional dos Editores de Livros, RJ

N423b

Neves, David Pereira
A biologia explica / David Pereira Neves. - 1. ed. - Rio de Janeiro : Atheneu, 2025.
il. ; 21 cm.

Inclui bibliografia e índice
ISBN 978-65-5586-827-2

1. Biologia. 2. Evolução (Biologia). I. Título.

24-93904 CDD: 599.9
CDU: 575.89

Gabriela Faray Ferreira Lopes - Bibliotecária - CRB-7/6643

13/09/2024 18/09/2024

Neves DP.
A Biologia Explica

Poderia contar uma história de terror continuada, porém, sinais alvissareiros mostraram caminhos auspiciosos.

Agradecimentos

Conforme comentei ao longo do texto, o sistema vida é uma colcha de retalhos na qual cada pessoa, cada ser vivo, cada momento e cada coincidência formam a trama que nos une, que nos dirige e nos completa. Somos interligados a tudo e a todos. E, assim, meus agradecimentos precisam ser dirigidos a essa colcha de retalhos que me formou e me conduziu até aqui. Entre as inúmeras pessoas entrelaçadas ao meu viver, desejo destacar algumas: meu pai, José Neves, por me mostrar os valores da vida; minha mãe, Elzira Pereira, por me mostrar a alegria de viver ("Naquela mesa estão faltando eles, e a saudade deles está doendo em mim"); ao Prof. Amílcar Vianna Martins, por ter aberto as portas da grandiosa Universidade Federal de Minas Gerais (UFMG) e me tornar professor de parasitologia; os Professores Ricardo Toshio Fujiwara, Walter dos Santos Lima, Washington Tafuri, Érika Braga (UFMG), Fernando Schemelzer Bezerra (Universidade Federal do Ceará), Joziana Muniz Barçante (Universidade Federal de Lavras), Dulcinea B. Campos (Universidade Federal de Goiás), Gilberto Fontes (Universidade Federal de São João del-Rei), Patricia Thyssen (Unicamp) e Edmund Grisard e Carlos B. Marcondes (Universidade Federal de Santa Catarina), pelo apoio constante, convivência lúcida e incentivo. À minha neta Raíssa, pelos esclarecimentos sobre Inteligência Artificial (IA), e ao meu filho Bernardo, pelas inestimáveis soluções nos meandros do computador. À Anamaria Ruegger, minha companheira de 60 anos, pela convivência, conversas filosóficas, companheirismo e cumplicidade. Desejo agradecer também à minha colega, Profa. Elizabeth Spangler, pelas sugestões e estímulo para publicação deste livro, e ao escritor Jacques Fux, pelas excelentes sugestões, correções e análise criteriosa do texto. Muito obrigado a cada um e a todos os companheiros dessa jornada terráquea pelo privilégio da convivência. Existem pessoas que dignificam nossa espécie, tanto pelo trabalho que realizam como pelos valores que cultivam, beneficiando a sociedade. Refiro-me ao Dr. Paulo Rzezinski e à sua grandiosa Editora Atheneu. São quarenta anos de convívio, que fortaleceram nossa amizade e meu respeito, especialmente pelo empenho de toda sua equipe para a publicação deste livro.

Apresentação

A ideia de escrever este livro é antiga, de tão antiga, feneceu. Mas, como que por um encanto, recentemente ressurgiu e tomou conta de meus pensamentos novamente.

Em abril de 2023 ocorreu o XXV Congresso da Sociedade Brasileira de Parasitologia, na bela e cativante cidade de Aracaju, e o Prof. Ricardo Toshio Fujiwara fez a gentileza de convidar-me para dizer algumas palavras sobre minha trajetória profissional.

Em um auditório ao ar livre, no final da tarde, veio-me a ideia de comentar como me tornei professor de parasitologia na Universidade Federal de Minas Gerais (UFMG) e quais os motivos me levaram a escrever livros. Mas era muito pouco a dizer para uma plateia tão seleta e curiosa. Vi, então, que havia necessidade de comentar sobre alguns temas que foram importantes na minha formação religiosa, política e científica. Assim fui reunindo e entrelaçando retalhos de minha caminhada até aquela tarde. De um adolescente preocupado em descobrir o sentido da vida, ligado às tradições religiosas, até desligar-me de minha cultura familiar e buscar um caminho novo, estimulado pela leitura do livro *A Geografia da Fome*, de Josué de Castro. No percurso da caminhada, descobri a importância da biologia e como ela é capaz de nos fazer entender o mundo e de explicar as semelhanças dos fenômenos comportamentais de todos os seres vivos.

Comentei, também, como o DNA, este fantástico modelo da vida, nos formou e nos moldou segundo a composição genética de cada espécie. E como não podia deixar de ocorrer, enfatizei a responsabilidade do *Homo sapiens* na restauração e continuidade da vida.

Concluí minha fala no Congresso mostrando a necessidade urgente, talvez o desafio maior da humanidade, de mudar nossos caminhos, ditos civilizatórios, para interromper estultices ideológicas, teológicas e econômicas que estão nos levando ao impasse da sobrevivência do *Homo sapiens*. E as sugestões de alguns colegas em divulgar essas ideias reacenderam em mim o desejo de escrever esse livro. Iniciei a escrita no dia 6/5/2023 e, depois de um ano de trabalho diário, conclui a tarefa. Espero que o leitor goste. Mais uma vez a Editora Atheneu se prontificou em realizar a fundamental tarefa de publicá-lo, gentileza que muito agradeço.

Encerrei minha fala em Aracaju com a bela composição do famoso Bolero de Ravel, com sua repetição de notas melódicas até atingir a apoteose musical, semelhante à apoteose de nosso Planeta, com sua fantástica biodiversidade.

Obrigado.

Belo Horizonte, junho de 2024
David Pereira Neves

Sumário

1 Continuamos Iguais

Quando era jovem, meus pais e tios idosos diziam que a idade nos ensina e que quanto mais se vive mais se aprende. Hoje, já idoso, concordo plenamente com esse "ensinamento". Como até hoje sou uma pessoa ativa, participando de diferentes atividades, desde braçais até intelectuais, percebo que a cada dia vivido aprendo novidades. E cada novidade representa um desafio, especialmente certas tecnologias, como telefone celular. O tempo, o grande mestre, ensina-nos pelas vivências e experiências como o mundo se move. Está na direção que desejamos ou na direção contrária? Participamos de algum movimento ou somos meros espectadores de uma trajetória determinada há milênios? De toda forma, enquanto vivemos aprendemos novas lições que nos moldam e nos mostram os melhores caminhos.

Meus pais diziam também ser muito difícil descrever um fato com exatidão, conforme ele realmente aconteceu. Como somos parciais e subjetivos, no caminhar da vida o mais frequente é ouvir a interpretação do fato ou nós mesmos o enxergarmos conforme nosso desejo. Ou seja, a descrição do fato depende do interesse pessoal, das circunstâncias do ocorrido ou até do ângulo em que o fato foi visto. Daí, meus pais terem me ensinado: o que prevalece não é o fato, mas sua interpretação. Assim, por mais isento que procuro ser, acredito que os fatos e as histórias que irei contar serão mais interpretações do que descrições da realidade. Mas como narrador prefiro dizer que só relatarei a verdade, do princípio ao fim, recheada de narrativas do que presenciei, causei ou participei.

Fiz esses comentários para justificar a forma como irei conduzir os capítulos. É uma história longa, que faz parte da roda de minha vida, com raízes que sustentaram meu crescimento e também com asas que me fizeram construir o mundo que vivi. Realidade e sonhos. Tempestades e bonanças. Fui longe buscar lembranças de pessoas e de fatos que marcaram minha trajetória. Não é biografia, mas simplesmente comentários, ora científicos, ora corriqueiros que me levaram a ser um cidadão comum preocupado com os destinos da humanidade. É muita pretensão minha preocupar-me com a humanidade, que tem seu caminho e seu destino definido por forças humanas e biológicas poderosas. Não tenho força nenhuma, mas me interessei em saber ou entender as razões do comportamento prevalentemente insano de nossa espécie. Muito trágico? Acredito que não, mas nossa espécie adora inovações alimentando sonhos, mas quase sempre repetindo muitos erros e poucos acertos. Inovações comportamentais? Parecem-me poucas e isoladas. Inovações tecnológicas? Milhões delas, difusas pelo mundo, todas oriundas de nossa criatividade e nossos sonhos. E assim, comecei a escrever, letra por letra, página por página, acreditando estar totalmente fiel à interpretação verdadeira da realidade de cada dia.

E como essa história teve início? Poucos meses depois que me tornei professor de parasitologia, ainda inexperiente nessa especialidade, um aluno perguntou-me: “Por que existem parasitos que apresentam um ciclo biológico tão complicado e outros bem simples?” “Por exemplo, os plasmódios, causadores da malária, passam por dois hospedeiros (humanos e mosquitos), além de apresentarem reprodução sexuada nos mosquitos e assexuada nos humanos, enquanto outros, como as amebas, só possuem reprodução assexuada em um único hospedeiro?”

Atônito com essa pergunta, não soube respondê-lo naquele momento, mas prometi que na aula seguinte lhe daria a resposta. Foi um desafio enorme que me instigou a estudar. Debulhando livros e indagando colegas experientes, consegui uma resposta que me pareceu correta, pois tinha como suporte científico a teoria evolucionista darwiniana, explicando os caminhos para a sobrevivência de cada ser vivo. E assim, cumprindo minha promessa, disse ao aluno: As espécies primitivas, como as amebas, seguiram um caminho de vida mais simples, com reprodução assexuada, produzindo apenas 4 a 8 descendentes. Já os plasmódios, que seguramente surgiram depois de milhares de anos do início da vida no Planeta, seguiram um caminho mais complexo de reprodução, passando por fase assexuada nos humanos e sexuada nos mosquitos. Dessa forma, foi possível produzir centenas de descendentes e, através do mosquito, dispersar-se por grandes distâncias. Essa diferença reprodutiva garante a sobrevivência da espécie e sob o ponto de vista biológico é um dos agentes de controle da população de nossa espécie. E sob o ponto de vista de saúde pública explica os riscos epidemiológicos de cada espécie do parasito. Enquanto as amebas usualmente produzem focos restritos, os plasmódios produzem grandes endemias, atingindo milhares de pessoas.

Sei que ficou uma explicação científica, mas condizente com a pergunta do aluno curioso e interessado em ser um profissional competente. Espero que o leitor tenha gostado da resposta e entendido como a ciência é importante para se conhecer os meandros da vida. A ciência está sempre evoluindo, aperfeiçoando os conhecimentos a cada nova descoberta; porém, jamais deve ser condenada ou substituída por interpretações medíocres e mal-intencionadas. Pessoas com essa mentalidade tacanha me irritam de forma profunda, independentemente do nível social. Não as desrespeito, apenas me distancio o máximo possível. Por outro lado, com pessoas de mentes abertas, quer sejam intelectuais ou analfabetas, gosto de manter uma boa e longa conversa, pois com essas aprendo e me divirto. Fazem parte da roda da minha vida.

Mas a pergunta de meu aluno teve outro desdobramento. Ao buscar a resposta vi o quanto o conhecimento da *biologia* pode nos ajudar a entender o mundo e responder a indagações difíceis. De imediato, lembrei-me que é comum as pessoas dizerem que "nem Freud explica" quando se deparam com algum problema complicado. Sei que o criador da psicanálise é um cientista controvertido, porém seu prestígio continua sendo tão grande que se em seus estudos e conclusões não foi capaz de interpretar os desvarios humanos é porque a situação demanda estudos e interpretações diferentes. E o avanço espetacular das ciências biológicas talvez possa ajudar-nos a entender o mundo que vivemos. Por outro lado, é instigador saber que Platão, 4 séculos a.C., também se sentiu incapaz de compreender os desatinos humanos, especialmente os sociais, ao afirmar que "em cada um de nós, mesmo naqueles que parecem mais comedidos, existem desejos terríveis por seu caráter selvagem e sem leis, e que se deixam revelar" em atitudes ou ações destituídas de lógica ou respeito aos valores da verdade, do bem, da ética e de justiça. Ao questionar certos comportamentos teológicos e ideológicos comuns em nossa espécie, fui procurar na biologia as respostas que me pareceram corretas e confiáveis. A forma, ou, melhor dizendo, os caminhos percorridos para encontrar as respostas serão mostrados em um capítulo adiante.

Em verdade, a trajetória do comportamento humano mostra uma repetição monótona e contínua de insanidades e amenidades desde nossos primórdios. Nem bem encerramos alguma tragédia, todos os responsáveis pelo fato e todos os envolvidos na peleja e na solução juram se emendar e corrigir suas falácias e agressões. Após curto período de calmaria, a memória desses atores se turva, esquecendo-se rapidamente dos traumas vividos. E outra vez, as falácias e agressões se aguçam, envolvendo novos contendores, mas repetindo insanidades e apuros.

Ao escrever essa constatação, lembrei-me da bela música de Antônio Adolfo, escrita em 1977, cuja parte da letra repito em seguida:

> "Onde você vai, com tanta pressa?
> Onde você vai, com tanta luta?
> Onde você vai, com tanta busca?
> Onde você vai, com tanta impaciência?
> Tanta impertinência?
> Tanta maledicência?

Onde você vai, com tanta busca?
Com tanto medo?
Com tanto ódio?
Eu vou, eu não sei onde eu vou
Mas eu não sei onde eu vou, meu senhor."

É uma bela música, com letra perfeita para compor o ritmo de nossas vidas. Em verdade, as gerações se sucedem com permanentes intenções de correção das lutas e contendas. Mas essas intenções de mudanças parecem com os desejos vagos feitos a cada *réveillon*, quando prometemos corrigir nossas vidas, mas logo em seguida são esquecidas, repetindo os mesmos hábitos ou cometendo os mesmos enganos. E a cada ano a humanidade repete as mesmas intenções de mudanças e promessas bem-intencionadas, porém raramente cumpridas. A biologia me parece competente para explicar nossas atitudes, mas não estou seguro se esse é o momento certo para descrever a razão desse comportamento dúbio. Parece-me mais prudente explicar mais adiante, adicionando novas informações com o decorrer da história.

Desde o surgimento do *Homo sapiens*, há mais de 200 mil anos, continuamos repetindo o repertório comportamental de nossos ancestrais pré-humanos. Assim como os macacos, somos uma espécie gregária e social, vivendo em grupos familiares ou tribais, que ora se ajudam, ora brigam ou lutam até a morte. Participam dessas situações boas e más com intensidade, pois juntos se tornam poderosos. São atitudes coletivas, mas oriundas da influência e da participação de cada um. Cada um se completa no outro, quer seja em uma disputa feroz, quer seja para estar juntos em confraternizações festivas ou fúnebres. Esse gregarismo se manifesta de formas típicas, que pode "contaminar" a todos os presentes. Ao presenciarmos emoções intensas, quer sejam de alegria, como gargalhadas, ou de tristeza, como choro e lágrimas, imediatamente somos levados a repetir essas manifestações. Mais típico ainda são as manifestações coletivas de aprovação ou de repulsa religiosa, esportiva ou ideológica. As reações coletivas dos respectivos seguidores beiram o fanatismo irracional, promovendo manifestações que isoladamente não teriam coragem de realizar. Em grupo são capazes de promover momentos de belíssimas emoções positivas, mas também insanidades de destruição.

Além dessas manifestações coletivas, isoladamente também apresentamos comportamentos muito semelhantes aos demais seres vivos. Refiro-me às competições ou disputas pelo espaço, pelo alimento ou pelo parceiro reprodutivo, que podem nos levar a desentendimentos intensos, causando a morte dos contendores. Nossa espécie apresenta emoções e comportamentos muito semelhantes, porém conflitos e discórdias surgem a partir da presunção de superioridade de alguns. E dependendo da amplitude dessa presunção ocorrem disputas pessoais ou sociais onde as arrogâncias, os egoísmos e as prepotências contra nossos semelhantes e contra outros navegantes planetários tornam o ambiente e a sociedade tensa, desagradável ou até inviável. Ou seja, todos nós somos coautores da construção do mundo em que vivemos.

Mesmo após milhares de anos vivendo e convivendo nesse fantástico Planeta que nos abriga e nos alimenta, continuamos iguais. Continuamos repetindo promessas de correção de comportamentos e de objetivos. Mas ao longo dos milhares de anos de vivências e convivências, apenas aperfeiçoamos os métodos de dominação conforme a tecnologia disponível em cada época, porém o resultado final é igual. O mundo moderno criou a tecnologia digital com magníficos equipamentos dotados de inteligência artificial, porém a humanidade vive sob o domínio de uma ditadura do lucro imediato e da medíocre luta pelo poder. Pela facilidade e multiplicidade de informações digitais, as habilidades de pensar e analisar se atrofiam e somos transformados em bonecos automatizados, presos às telinhas e aos ditames bíblicos divinos. E com miras mais perfeitas, explosões mais potentes, repetimos guerras mais cruéis.

Somos então compelidos a nos perguntar: como ainda existe vida no Planeta Terra e como nossa espécie ainda sobrevive? Vivemos momentos de iminência de uma catástrofe climática global e quantas pessoas estão mudando sua forma de viver, de consumir menos, de reduzir a produção de lixo, de economizar água e terra, de preservar o meio ambiente? Somos realmente uma espécie interessante, pois desde sempre tivemos como objetivo maior a busca permanente pela felicidade, pela vida boa, pela vida bem-sucedida. Mas alguma vez questionamos o custo ambiental e social para realizarmos esses desejos? O desnível social entre os muito ricos e os muito pobres alguma vez incomodou a classe dominante e promoveu mudanças sociais e econômicas verdadeiras? A cada dia buscamos alcançar nossos objetivos de felicidade, mas na realidade vivemos em uma labuta diária e constante para enfrentar e vencer os desafios da vida. Essa é a nossa rotina e de todos os demais seres vivos desde os primórdios da vida. Já prestou atenção em como os animais ao nosso redor (passarinhos, pombos soltos pelas praças) lutam o dia inteiro em busca do alimento e de um local para criarem seus filhos? Em verdade, desde sempre sonhamos com utopias de vida mansa, porém o tão sonhado "xangrilá" alguma vez foi alcançado e a humanidade viveu em equilíbrio e harmonia? Por que será?

2 Buscando Respostas

Procurando responder a essas cruciais indagações, busquei ajuda em alguns livros que descreveram esses assuntos com delicadeza e profundidade: *Sapiens*, de Yuval Harari (2015), *O poema imperfeito*, de Fernando Fernandez (2004), *O tapete de Penélope*, de Walter Boeger (2009), *Empires that shook the world*, de Andrew Taylor (2008) e *Futuro ancestral*, de Ailton Krenak (2022). Nesses livros pode-se ver como a fauna e a flora passaram a ser degradadas pelas ações humanas desde nossos primórdios, além da aniquilação truculenta do *Homo neanderthalensis, a* espécie de humanos que nos precedeu. Repetimos erros individuais e coletivos, repetimos genocídios desde remotas épocas e continuamos a ter ações perversas cotidianas divulgadas com masoquismo pela mídia. Também promovemos guerras e golpes militares trágicos, com mortes e destruições inimagináveis. Sim, a história da humanidade relata isso, mas felizmente o *Homo sapiens* tão inteligente também tem sido capaz de ser solidário e de produzir maravilhas na música, na pintura, na escultura, na literatura e realizar descobertas e inovações tecnológicas cada vez mais espetaculares. E assim me pergunto: como, por quais motivos, líderes insensatos e sanguinários, verdadeiros terroristas do estado, como Hitler, Stalin, Franco, Mussolini, Salazar e outros mais recentes, foram e continuam sendo capazes de tamanhas barbaridades? Como um país, os Estados Unidos, que se orgulha de sua democracia e liberdade, foram capazes de jogar bombas atômicas em duas cidades japonesas aniquilando milhares de cidadãos comuns? E as guerras sanguinárias promovidas por aquele mesmo país no Afeganistão, no Vietnã, no Iraque e na América

Latina, estimulando e gerenciando golpes militares sanguinários em diversos países, inclusive aqui no Brasil? E se dissermos sobre as terríveis perseguições promovidas pela Igreja Católica através das brutais Cruzadas contra os árabes muçulmanos, a monstruosidade da Inquisição (Tribunal do Santo Ofício), que durante séculos torturou e matou milhares de pessoas ditas hereges? E o genocídio contra os povos indígenas durante a colonização portuguesa e espanhola na América do Sul? E o comportamento usualmente brutal e sanguinário dos escravocratas ao impor suas arrogâncias, seus desejos, suas mesquinharias e suas maldades ao lidar com os negros cativos? E as barbaridades cometidas por ideologias que pregam a redenção da humanidade como o nazismo, o fascismo, o anarquismo, o comunismo e o capitalismo liberal? E as falsidades de caráter, as ações aviltantes e repugnantes de ideologias e teologias mantidas pela direita radical recente para impor sua força e domínio político em nosso país? Acredito que se ainda vivêssemos em tempos de escravidão essas pessoas egoístas e insensíveis seriam todas escravocratas! E por que também não citar aqui o controle e manipulação das mentes em algumas seitas, ditas cristãs, transformando fiéis em seguidores retrógrados, fanatizados? E nessa mesma linha insana encontramos o negacionismo obtuso, divulgado por lideranças medíocres, mantendo legiões de crentes presos a conceitos bíblicos conservadores e ultrapassados, levianamente estimulados a atitudes inquisitórias, dominadoras e antidemocráticas!

É fácil perceber que os criadores de ideologias e teologias fogem da realidade, propondo uma ilusão de como as coisas deveriam ser segundo uma visão pessoal de mundo e interesses de mando. Em verdade, parece que as ideologias e teologias se assemelham às mitologias grega e romana, pois os mitos ali enaltecidos não passam de uma afirmação fantasiosa, de uma narrativa de fábulas sobre seres que encarnam simbolismos humanos. São narrativas idealizadas com o intuito de influenciar possíveis seguidores, usualmente ampliadas pelo imaginário coletivo ao longo dos tempos. Talvez essas análises que fiz possam parecer, à primeira vista, que estou fugindo do tema. Sei que incomodam, mas verão que, na verdade, representam uma manifestação biológica do comportamento humano.

Devo confessar que foi muito difícil e pesado relatar esses fatos, mas ao ler o esclarecedor livro do Prof. Eduardo Giannetti, *O anel de Giges* (Companhia das Letras, 2020), e as palestras de outro filósofo brilhante, o Prof. Eduardo Wolf no Programa Café Filosófico (TV Cultura, SP, 2023), foi possível descobrir os verdadeiros valores que impulsionam nossa espécie para o Bem. Entretanto, por outro lado, imaginava encontrar na filosofia uma pista que pudesse elucidar ou explicar a dualidade do comportamento humano. Mas, por incrível que pareça a filosofia, passando por séculos de estudos sobre nossos valores e comportamentos, também não conseguiu explicar os permanentes e constantes desatinos pessoais e sociais de nossa espécie! Em verdade, parece que a cada século, ou a cada década, a distância entre o conhecimento das potencialidades ou das atividades positivas humanas e as realidades ética/política/religiosas vivenciadas pela população se tornam cada vez maiores e mais perversas. E sabem por qual motivo a filosofia ainda não conseguiu decifrar o enigma humano? A biologia explica: porque a filosofia, em busca da essência humana, debruça-se na "essência do ser" e a essência do ser é o DNA, com toda sua completude e complexidade genômica.

É interessante como diversas tecnologias desenvolvidas desde remotas épocas podem ser muito úteis ou muito nocivas dependendo de quem as manipula. As modernas formas de comunicação social (redes sociais via *smartphones*) são típicas. Da mesma forma que podem ajudar e influenciar milhões de pessoas para o bem, quando manipuladas por falsos profetas se tornam altamente nocivas para o equilíbrio social e ambiental do Planeta. E sabem como esse sistema funciona? Quanto mais repetição há de uma falsa verdade ou de uma mentira, mais facilmente ela se torna aceita! Conforme a biologia explica, ou, melhor, conforme a neurociência mostra, nosso cérebro deixa de raciocinar e, por economia, aceita a mentira como verdadeira. Esse fenômeno é a ferramenta utilizada constantemente pela propaganda comercial, assim como pelos manipuladores religiosos e políticos.

O momento polarizado político/religioso que atravessamos é o fruto ácido dessa divulgação e manipulação da realidade.

Mas ao escrever sobre as insanidades e as dificuldades humanas, assustei-me com o paradoxo de nossa espécie e perguntei-me: mas ao longo de 200 mil anos de existência, nossa espécie só se destacou pelas barbáries cometidas? Nossa história e nossas realizações não demonstram valores múltiplos e espetaculares? Não conseguimos transformar o mundo segundo nossa imagem, semelhança e sonhos? Sim, sob esses aspectos podemos orgulhosamente afirmar: somos uma espécie singular, capaz de produzir maravilhas e arquitetar utopias promissoras. Criamos e instituímos valores, conceitos, atitudes e ações que permitiram e permitem demonstrar a grandeza humana. Mas minha desilusão é que diante de tanta competência, não conseguimos construir um passado e nem um presente ameno, não temos tido tempo e tranquilidade para usufruir a caminhada, não conseguimos nos deleitar com as amenidades da vida e nem permitir que elas estejam igualmente disponíveis para todos os companheiros de jornada.

Nietzsche já dizia que para a humanidade alcançar a felicidade seria necessário buscar constantemente os valores positivos como o Bem, o Belo e o Verdadeiro. Sim, são valores reais, mas outros filósofos nos ensinaram que a ética, o respeito, a justiça, a prudência e a solidariedade nos afastariam das insanidades e com mais propriedade nos permitiriam alcançar o equilíbrio socioambiental, para, aí sim, atingirmos a felicidade plena. Mas a biologia consegue enxergar esse futuro promissor? A resposta a essa crucial pergunta me parece possível por uma razão fundamental: por fazermos parte da Natureza não fugimos às regras biológicas. Mesmo sendo uma espécie singular, não estamos nem acima e nem abaixo das inexoráveis regulamentações ambientais. Adiante descreverei esse maravilhoso jogo de interação e equilíbrio das espécies, mostrando nossa participação e responsabilidade na manutenção da vida nesse fantástico Planeta.

Sei que descrevi com mão pesada as insanidades humanas e com a mão mais leve as grandezas humanas. Minha justificativa é fácil, pois ao avaliarmos nossas atitudes e ações, pode-se constatar que vivemos em um embate constante entre a sensibilidade do respeito e do conhecimento *versus* a brutalidade do egoísmo e da ignorância. Enquanto a primeira representa nossas pérolas, pequenas e luzidias, a segunda representa as pedras do caminho, os entulhos enormes e pesados que, por sua ação cotidiana e volumosa, sufocam o florescimento vigoroso das pérolas.

Dito isto, o caro leitor pode estar se perguntando: e a biologia seria capaz de esclarecer comportamentos tão diversos do *Homo sapiens,* alternando atitudes ora insanas, ora cruéis, ora altruístas e solidárias? Seria então possível para Freud esclarecer nossas dúvidas, até o momento carentes de uma explicação?

Sim, essas perguntas fazem sentido e o objetivo deste livro é procurar mostrar como no decorrer de observações e comparações encontrei uma explicação diferente. É uma explicação plausível? Conseguirei explicar ou entender a razão de comportamentos tão complexos de nossa espécie e de todos os demais seres vivos? De toda forma ficarei muito agradecido se por meio das ideias que exporei adiante o leitor acompanhar e, então, aceitar, divergir ou encontrar outra explicação esclarecedora. Enfim, esse é o grande desafio desse livro: provocar perguntas e instigar respostas como meu aluno fez comigo, pois é por meio do diálogo, do conhecimento e da flexibilidade mental que se encontra o caminho. Os caminhos existem, mas para trilhá-los carecemos de transformar um desejo concreto, uma necessidade premente do Planeta em uma vontade maior da humanidade. As mídias sociais estão aí para acelerar essas vontades positivas.

Parece-me fundamental dizer que o grande desafio da inteligência e da criatividade humana nesse século XXI é proteger e restaurar o Planeta. O resto não terá significado se não protegermos o planeta para salvarmos a vida. Sugestões mirabolantes de povoar Marte é um exemplo típico do desatino de irresponsáveis que nos levaram ao desequilíbrio social e ambiental que precisamos corrigir.

3 Confirmando a Realidade

Minhas dúvidas e incertezas sobre a insanidade das ações humanas surgiram há poucos anos. Não sou capaz de determinar uma época, mas me parece que tenham tido início, ou se ampliado, diante das barbaridades cometidas contra nosso povo durante a ditadura militar. O golpe de 1964 que nos levou à ditadura representou uma agressão e degradação de nossa sociedade, pois foi calcado em mentiras e interesses escusos. Aliás, a história está repleta de exemplos de golpes, guerras e outras beligerâncias que tiveram início a partir de falsidades veiculadas e manipuladas por lideranças ignóbeis contra povos e governos constituídos corretamente. Encobrindo as reais, indecentes e brutais intenções, enganam as pessoas de boa-fé e atiçam os cúmplices, ávidos por migalhas e banquetes indigestos oriundos do poder espúrio. Seguindo esse modelo, brasileiros submissos e ungidos por divindades opacas, aliaram-se aos costumeiros corruptores norte-americanos e tramaram a destituição do Presidente João Goulart. As ações e atitudes dos ditadores ao longo do tempo comprovaram que golpistas representam a escória de uma sociedade. Se usaram de mentiras para justificar o golpe, a história esclareceu o verdadeiro motivo? Sim, ficou muito bem esclarecido, pois a verdade é filha do tempo! Por ser um democrata que sonhava com uma sociedade justa, equilibrada e harmônica, o Presidente João Goulart passou a incomodar a governança mundial na continuidade de sua permanente dominação. Uma sociedade estável, segura, independente e equilibrada socialmente jamais seria submissa e conivente com a manutenção da escravidão econômica e tecnológica dos donos do poder. E qual foi a justificativa divulgada pela mídia conivente com os golpistas? Que o Presidente era um comunista perigoso! A mesma ladainha de sempre!

Como vivi e presenciei todo esse período de nossa história, minhas dúvidas sobre a sanidade humana passaram a fazer parte de meu cotidiano. Para minha tristeza, toda a insanidade humana, com novos atores militares e civis, está se repetindo entre nós desde 2018. Tem sido um desvario coletivo, adensado por um bando de seguidores bíblicos, empresários alucinados e membros da classe média desvairada. Em decorrência dessas insanidades e comportamentos hediondos, pergunto-me: diante de tantas potencialidades de nosso país, o sonho de construir uma sociedade justa e equilibrada será algum dia alcançado? Os costumeiros e renovados embusteiros estarão sempre prontos para dar o bote certeiro, como fazem os lobos contra suas presas enganadas? Os valores maiores da humanidade, o bom, o belo, o verdadeiro, o ético, o justo e o solidário, serão algum dia respeitados pela governança mundial? A biologia explicará e poderemos alcançar o tão sonhado equilíbrio social e ambiental?

Sabe-se que muitas experiências vividas enquanto criança se manifestam ainda muito cedo na juventude e se repetem quando adultos. No meu caso particular acredito ser uma verdade, pois desde criança vivo entre bichos e plantas. Ou melhor, vivo entre bichos e plantas decorrente de minha herança genética, pois meu bisavô, meu avô e meu pai sempre viveram dessa forma.

Nasci em uma chácara de 1 hectare no Bairro da Serra (Rua do Ouro 1.100), rodeada de outras chácaras e lotes vagos, por onde corria um riacho de águas cristalinas. Há alguns anos passei a residir em outra chácara, medindo 2 hectares, agora em Venda Nova. Por volta de 1949, quando papai a adquiriu, também era rodeada de chácaras e fazendas, no fundo das quais corria um riacho com águas cristalinas. Com o passar dos anos, assim como o bairro da Serra, Venda Nova se tornou uma região populosa e ambos os córregos foram usados como a solução mais barata e mais danosa para o meio ambiente e para a saúde pública: servir como escoadouro do esgoto residencial.

Quando papai comprou a "chácara", na realidade comprou um terreno limpo, com algumas touceiras de banana-nanica (banana-caturra), três pés de manga e outro tanto de laranja campista. Não havia nenhuma benfeitoria, nem energia elétrica. A água era fornecida por uma "pena de água", sem hidrômetro, com um volume reduzidíssimo. Em compensação, na parte de baixo do terreno havia um brejo, na margem do qual corria o tal córrego de águas cristalinas. Ao comprar a chácara, papai a batizou com o pitoresco nome de Rancho Alegre. O imposto da chácara até os anos 1990 era cobrado como área rural, bem barato.

Em 1950, logo que papai comprou a chácara, para melhor administrar e usufruir as potencialidades do terreno, meu irmão Maurity, ainda estudante de engenharia, construiu uma pequena e simpática casa com três quartos, uma sala grande, uma cozinha com fogão a lenha que aquecia, via serpentina, a água do banheiro. Nós todos, muito animados, orientados por papai e estimulados por mamãe, logo nos envolvemos com os trabalhos de limpeza e preparo do terreno para fazer da chácara uma área de lazer familiar com produção de frutas, verduras, flores, ovos, frangos, patos e coelhos. Ou seja, em pouco tempo foi possível transformar um terreno limpo em um "brinco de rara beleza" conforme papai gostava de dizer, orgulhoso de seu trabalho. No brejo, havia um ótimo espaço para se plantar e pela facilidade de água, papai iniciou o cultivo de flores (gipsófila, gladíolos) e arroz. Em um sítio vizinho, localizado abaixo da chácara, o proprietário, Sr. Júlio Barbosa, aproveitava o córrego de águas cristalinas para movimentar um moinho de pedra, onde papai pagava para pilar o arroz (que após pilado vinha repleto de "marinheiros", isto é, arroz inteiro com restos de casca) e moer o milho colhido na chácara para fazer o fubá. Uma delícia participar da formação do pomar, cultivando diversas frutas pouco conhecidas, como limão-doce, lima-da-pérsia, laranja satsuma, laranja cacau, pitanga preta, lichia, além de aprendermos com papai a fazer enxertos de cítrus e identificar diversas frutas brasileiras que passamos a cultivar: grumixama, abio, bacupari, cambucá, biribá, anona, araçá, cereja-do-rio-grande, até hoje pouco conhecidas da população roceira ou urbana. Como costumo dizer: a submissão cultural é muito maior do que se pensa. Se essas frutas, todas originárias da nossa Mata Atlântica, fossem de origem europeia ou americana, estávamos comprando-as a preço de dólar... Anos depois, juntamente com minha esposa e filhos, tivemos o cuidado de manter e ampliar o pomar, a criação de aves, de cobaios e de abelhas brasileiras sem ferrão (meliponídeos): jataí, mandassaia, mirim.

Foi nessa chácara que realmente aprendi a me maravilhar com a natureza, pois além das plantas passei a conhecer e acompanhar o comportamento de inúmeras aves silvestres que ali residiam ou a visitavam para se alimentar e procriar: sabiás, sanhaços, rolinhas-caldo-de-feijão e fogo-apagou, juriti, trinca-ferro, bico-de-pimenta, tico-tico e tico-tico-rei (soldadinho), pretinho, tizio, gaturamo, periquito-tuim, maritacas, saracuras, codorna, anu-preto, anu-branco, joão-de-barro, corujas, pica-paus, joão-graveto e diversas espécies de gavião e coruja. E também as aves migratórias, como o rabo-de-tesoura e o bem-te-vi rajado, que a cada mês de setembro vêm da Amazônia para procriar em Minas Gerais. E também havia alguns mamíferos, como o mico-estrela, o tapiti (coelho silvestre), o serelepe (esquilo) e uma variedade enorme de pequenas cobras, tiús, sapos, pererecas, calangos verdes e cinzas, além de borboletas maravilhosas.

A diversificada e rica flora e fauna da chácara se devia ao grande número de sítios e fazendas existentes no seu entorno, em especial a enorme (cerca de 50 alqueires) fazenda do Sr. Alfredo Martins, confrontante com nossa chácara. Essa fazenda, com a morte do proprietário, no início da década de 1990 foi loteada, transformando-se hoje no populoso Bairro Letícia. Nessa mesma época, o córrego de águas cristalinas foi desviado e canalizado no eixo da Avenida Elias Antônio Issa, recolhendo o esgoto do bairro.

Mas em decorrência da intensa urbanização, diversas aves, mamíferos e répteis quase desapareceram, mesmo com uma vegetação exuberante mantida na chácara e ampliada ao longo dos anos, formando um bosque de árvores nativas de grande porte.

Conforme já disse, até 1990 o imposto da chácara era um imposto rural, bem barato. Diante das facilidades típicas do "progresso urbano" instaladas na região, a administração municipal instituiu o famoso IPTU (Imposto Territorial Urbano) muito mais caro. Compreendo que ocorreu uma transformação acentuada em Venda Nova, porém a chácara permaneceu como uma área rural, com ótima cobertura arbórea, refúgio de diversas aves e celeiro de sementes de árvores nativas. Era necessário fazer a diferença e não "colocar todos os sapos no mesmo balde". E assim, a cada início de ano e durante a gestão de cada prefeito era uma luta constante tentar reduzir o IPTU, explicando as diferenças entre lote vago e terreno ocupado com proteção ambiental. Interessante que, desde aquela época, os vizinhos da chácara se sentiam beneficiados pela presença de uma área verde próxima de suas casas. Visitavam-nos com frequência, colhendo alguma planta medicinal ou bambus para enfeitar as festas juninas de escolas.

Foram 10 anos nessa luta para reduzir o imposto, buscando uma solução definitiva. Mas era difícil enfrentar a grosseria de uma funcionária burocrática, que se sentia poderosa, pouco afeita a bichos e plantas, e incapaz de diferenciar um "latifúndio" urbano improdutivo de um ambiente rural. Felizmente alguns secretários da fazenda da Prefeitura compreendiam a situação e conseguiam alguma solução paliativa. Diante desses impasses, pensamos em vender a chácara e comprar um terreno mais longe, com características rurais ou silvestres. Mas foi um pensamento passageiro, pois se vendêssemos a chácara iríamos perder toda história familiar e destruir a flora e fauna ali existentes. Aliás, essa história foi registrada no livro que publiquei em 2016, *Chácara Rancho Alegre: o s*ítio. Vivíamos esse dilema quando Patrus Ananias se tornou Prefeito de Belo Horizonte (1993 a 1996). Em pouco tempo comprovou sua competência administrativa e sensibilidade social e ambiental, qualidades tão necessárias para a permanência da vida nesse maravilhoso e único Planeta perdido na imensidão do espaço. Confiante na seriedade desse digno homem público e na lei por ele criada (Lei n. 6.491, de 29/12/1993) foi possível transformar a Chácara Rancho Alegre em uma "Reserva Ecológica Particular", por meio de um contrato registrado em cartório, com validade de 20 anos, renovável por período igual. Dessa forma, deixamos para trás os tempos de impostos elevados e passamos a pagar o IPTU apenas relativo à moradia existente. E toda a comunidade pôde continuar se beneficiando dessa área verde, pois conforme o cartaz que coloquei nas entradas principais da chácara pode-se ler: "A Reserva Ecológica: Purifica o ar; Previne enchentes; Protege a flora e a fauna; O Planeta precisa do cuidado de cada cidadão". Desde sua implantação e até hoje a Reserva é anualmente fiscalizada por biólogos ou agrônomos, que também fornecem orientação sobre cuidados para a manutenção correta das árvores e o plantio de novas espécies. As despesas de manutenção são elevadas, porém compensadas pela redução do IPTU e pelos objetivos socioambientais que alcança.

Em 2001 nos mudamos para a "Reserva", a qual passou a ter uma influência enorme na forma de entender o mundo, pois passei a ter dois laboratórios: um biológico, onde posso acompanhar o comportamento de plantas e bichos, e outro sociológico, representado pelos bairros adjacentes, observando as formas de viver dos vizinhos. Nesses 20 anos que resido aqui foi espantoso ver a grande transformação econômica/política/teológica da comunidade. A maioria dos primeiros vizinhos era famílias vindas do interior com a intenção de melhorar de vida e oferecer mais oportunidades de trabalho e educação para os filhos. Muitos deles eram semianalfabetos. Como lembrança de suas origens, quase todas as casas possuíam um fogão a lenha no quintal e gostavam de tocar violão ou sanfona nas festas. Fiz amizade com muitos deles, participando de festas juntamente com minha esposa. Nenhuma residência possuía carro e, quando muito, uma bicicleta. Já a segunda geração era alfabetizada, com rapazes e moças formados em algum curso técnico ou universitário. Com empregos melhores, reformavam ou ampliavam as casas, podendo-se ver carros nas garagens improvisadas. Assim, a partir de 2003 a 2010, o padrão social melhorou a olhos vistos.

Outra nítida mudança se refere ao comportamento político/religioso da vizinhança. Se há cerca de 30 anos, em um raio de 1 quilômetro da chácara, havia 4 igrejas católicas, 5 centros espírita e 6 igrejas evangélicas, atualmente, nessa mesma área, encontram-se as 4 igrejas católicas, os 5 centros espírita e cerca de 40 igrejas protestantes, entre evangélicas e pentecostais, com intensa participação dos fiéis, não só nos cultos, como nas mais diversas atividades programadas para aglutinar e valorizar cada fiel!

Meu "espanto" com relação à proliferação das igrejas evangélicas se refere às falas dos fiéis frequentadores dessa religião. Ao conversar com eles nas ruas, ônibus ou padarias repetem as mesmas palavras ditas pelos diferentes pastores, falam as mesmas palavras ao cumprimentar ou se despedir, possuem o mesmo raciocínio conservador com base nos textos bíblicos e se sentem poderosos ou empoderados, pois são os escolhidos de Deus para fazerem a purificação da humanidade pecadora. Segundo alguns estudiosos desse tema, "as forças econômicas, as forças evangélicas e as forças das mídias estão acentuando o retrocesso cultural da sociedade, colocando a mediocridade científica e o conservadorismo religioso como objetivos maiores de sua missão". Em tempos passados, a Igreja Católica também passou por um processo semelhante de poder e manipulação das mentes promovendo a terrível Inquisição. Hoje vivemos o ensaio de uma inquisição evangélica. Se antes as palavras condenatórias ao suplício da inquisição católica eram "herege" e "feiticeira", hoje as palavras condenatórias são "comunista" e "homossexual". Ou seja, a barbárie está anunciada e poucos estão percebendo. Depois não digam que não avisei...

Pelo que comentei, pode-se perceber a importância que esses laboratórios ambiental e sociológico tiveram na minha forma de pensar, de viver e, especialmente, em meu comportamento de ferrenho defensor da proteção ambiental, no respeito ao bom senso, nos avanços da ciência, na condenação ao negacionismo e na necessidade permanente da luta para se alcançar o equilíbrio social e a preservação da natureza. Apesar de minha repulsa pelas pessoas que têm essa forma de pensar, das quais transborda mediocridade mental, consigo entender os motivos que as levaram a essa irracionalidade, mas as evito, pois prezo a minha liberdade emocional e minha saúde física. Avaliando esse contexto alucinado, no qual predomina a miopia mental crônica, acredito que a biologia, por conhecer os processos mentais humanos e animais, é capaz de mostrar os meandros neurais dessas alucinações e suas possíveis correções. Por outro lado, tenho certeza que, se nos empenharmos na direção de uma educação libertadora e criativa, alcançaremos o bom senso e estimularemos a formação de uma inteligência coletiva solidária.

Pela forma pormenorizada como descrevi a "Chácara Rancho Alegre" e o seu entorno, acredito que demonstrei a grande importância desse cativante pedacinho de terra na minha formação política/social/ambiental. Afinal foram mais de 70 anos de convivência e aprendizagem nessa academia multidisciplinar. Em verdade, a "Chácara" é familiarmente denominada de "Sítio", localizado no simpático Bairro Candelária, em Venda Nova, distrito de Belo Horizonte. Representa o espelho da transformação de nossa sociedade rural para sociedade urbana. Foi e tem sido uma escola viva.

4 Convicções Feridas

Quando muito jovem, pré-adolescente, era frequente em reuniões de família ouvir conversas de adultos comentando sobre o trabalho e as diversões preferidas de cada um. E, às vezes, eu me perguntava também: qual será meu trabalho quando crescer? Como não fazia ideia de nada, imaginava sonhos mirabolantes, como ser um andarilho, viajando dias seguidos para conhecer o mundo. Livros de aventuras faziam-me imaginar aventuras heroicas. Acontece que o "mundo" que imaginava existir não passava dos estreitos limites de minhas curtas viagens: Ibirité, Itaúna, Araxá, Curvelo e Diamantina. Não tinha a menor ideia da imensidão da Terra e das epopeias vividas pelos viajantes para enfrentar línguas estranhas, tempestades, guerras e o "possível" cansaço. Naquela época imaginava ser capaz de desafiar as pequenas dificuldades conhecidas e vencer todas.

Mas as influências familiares são fortes. E assim, meus sonhos mirabolantes foram se tornando mais reais à medida que os anos se passavam. Durante minha infância e adolescência, meu caráter e personalidade foram se moldando conforme os valores éticos familiares ouvidos nas conversas e na vivência diária com meus pais, irmãos, tios, tias e primos. São características muito fortes e muitas delas me acompanham até hoje, especialmente os valores que estimulam o crescimento coletivo, o respeito ao outro. Mas ao atingir a adolescência, o país passava por uma grave crise política desencadeada por um "jornalista enfezado". Sem limites nos impropérios que proferia, agredindo a tudo e a todos, especialmente ao meu ídolo, eu me sentia diretamente atingido. Como sempre existem pessoas que fazem coro a esses tipos de agressões verbais, ficava muito aborrecido ao ouvir opiniões tão contrárias às minhas. E quando essas opiniões contrárias provinham de algum parente, minha desilusão era maior ainda, despertando muita tristeza e uma vontade enorme de fugir, viajar para um local desconhecido, livre daquelas repugnâncias.

Para minha tristeza, a partir de 2018 o país novamente se viu condenado a conviver com a mediocridade teológica e ideológica oficial. Porém, como já era adulto, aprendi a suportar o besteirol contagioso, porém mais desiludido ainda diante do bando de seguidores insensíveis às carências sociais e ambientais do país. Em verdade, diante das agressões que atingiram e atingem frontalmente meus valores e convicções, acho necessário voltar alguns anos atrás e relatar certos momentos de minha infância e juventude, pois exerceram forte influência na minha forma de pensar. Vivências passadas podem esclarecer o presente e antever o futuro.

Parodiando a escritora/poetisa Lízia Porto no Prólogo de seu belo livro *Escrevinhar* (3i Editora, 2023), posso dizer que "hoje sou quem sou, um homem maduro, feito de retalhos e de história, que o tempo tem se encarregado de chulear". Sim, a vida é repleta de surpresas e sutilezas. Somos o resultado de nossas experiências vividas desde criança somadas às particularidades genéticas, culturais e circunstanciais que nos rodeiam ao longo dos anos. Ou seja, somos produto do meio interno (nosso DNA) e do ambiente que nos cerca. Acredito que se fosse filho dos mesmos pais, com a mesma estrutura genética, porém tivesse nascido em um país islâmico e governado por um rei, eu seria uma pessoa bem diferente e talvez com 5 esposas e 2 dezenas de filhos...

Lembro-me bem que ainda criança, talvez com 5 anos, nossa família residia em uma casa com um quintal enorme, no bairro Barro Preto. Sentia-me todo poderoso, tendo espaço e liberdade para criar porquinhos da índia, cachorro, abelhas jataí e plantar horta. Estimulado por papai, mamãe e por minha tia Maria José, que após o falecimento do marido foi residir uns meses conosco, aprendi a recolher na rua estrume de cavalos para amontoá-lo no fundo do quintal. O objetivo era deixá-lo curtir uns dias e assim preparar um ótimo esterco para adubar as sementeiras e os canteiros de alface, almeirão, salsa, cebolinha e couve. Nessa época (1944 a 1945), vivíamos em plena Segunda Guerra Mundial, com total racionamento de gasolina, razão pela qual o transporte básico de pequenas mercadorias era feito em carroças ou lombo de burros, que deixavam belas bolotas espalhadas pelas ruas. Eu as recolhia, à tardinha, com uma pazinha, colocando-as em uma lata até o volume que conseguisse carregar. Os poucos automóveis que circulavam eram movidos a gasogênio, uma engenhoca adaptada na traseira do veículo que, a partir de carvão vegetal colocado em um cilindro metálico, produzia o gás para alimentar o motor, fazendo o carro andar. Interessante essa lembrança, pois até hoje sinto o mau cheiro desses carros, que fediam muito. Enquanto o cheiro do esterco parecia-me um perfume, igual ao cheiro bom de terra fértil, a fumaça do gasogênio era desagradável, sufocante. Mas foi a única alternativa disponível para solucionar, em parte, o transporte. Será que a humanidade só se dará conta da necessidade de alterar seu padrão consumista quando não tiver outra alternativa de sobrevivência no Planeta? Também nessa época, seguindo meus irmãos, comecei a conhecer várias espécies de aves que frequentavam o quintal, observando diferentes formas de se alimentar e nidificar. Foi nessa época que aprendi a identificar alguns passarinhos pelos seus trinados. Esse conhecimento sobre as aves teve um desdobramento curioso.

Já estudando no Grupo Escolar Caetano Azeredo e residindo em outra casa no bairro Santo Agostinho, com quintal reduzido, minha diversão preferida era rodar um pneu velho do carro de papai (um Chevrolet 1938 adquirido novinho na Casa Arthur Haass) pelas ruas do bairro. Gostava também de brincar de "finca" (um pedaço de ferro de construção, medindo cerca de 20 cm, com uma das pontas afiadas, que junto com o adversário, alternadamente "enfincávamos" com golpe certeiro a terra dos passeios de alguns lotes vagos, formando uma linha; vencia aquele que primeiro conseguia cercar a casinha onde o oponente iniciou o jogo). Jogávamos também bolinha de gude nos passeios de terra lisa e colecionávamos figurinhas variadas, que vinham enroladas em uma bala doce, bem vagabunda. Outra diversão minha e de alguns vizinhos era andar de bicicleta pelas ruas e passeios do bairro. Era uma bicicleta bem velha e com freios ruins, mas me proporcionava ótimos passeios e bons tombos.

Pois bem, tive uma meninice bem solta, divertida e criativa. Meus pais eram grandes leitores e minha mãe me incentivava ler, mas eu só conseguia ter interesse em livros que falassem de plantas e bichos. E assim conhecia muitas árvores e animais, especialmente aves. Eis então que ocorreu o desdobramento curioso e inusitado que preocupou meus pais. Era bom aluno em comportamento, língua pátria (português), geografia e ciências, porém em matemática era uma negação. Saber a tabuada de cor ou fazer qualquer conta de somar, subtrair, dividir ou multiplicar era fora do meu propósito de vida. Não me interessava e nem via muito sentido em me dedicar a fazer conta. E meus pais e irmãos insistiam: "Quando crescer e for seguir qualquer profissão terá que fazer contas e a época de aprender é agora. Se esforce um pouco, que dará conta". Mas essas recomendações entravam em um ouvido e saiam pelo outro. Melhor dizendo, não entravam em ouvido nenhum. Gostava mesmo era de bichos e sabia muita coisa sobre a vida deles. Pois não é que um dia, já com 10 anos de idade, a professora aplicou um questionário em sala de aula, no qual tínhamos que responder a duas perguntas: "O que deseja ser quando crescer? E qual o motivo da escolha?" Não tive nenhuma dúvida na resposta: "Quero ser um iriri, o patinho selvagem mais lindo e perfeito que existe! Voa, anda sobre a terra, nada e mergulha!" Feliz da vida, devolvi o questionário orgulhosamente preenchido para a professora D. Judith Nunes da Silva, sem imaginar as consequências...

Dois dias depois meus pais foram chamados ao Grupo, pois a Diretora, D. Maninha, precisava conversar com eles. E eu estava junto sem saber o motivo, pois não havia comentado com ninguém sobre o questionário. Avoado como um bom iriri, não dei importância à minha futura profissão... Esse fato faz parte de minha história, pois alguns anos depois, já adulto, papai presenteou-me com um belo desenho que ele fez (que tenho comigo até hoje) para o "patinho selvagem" que via em mim... Mas quando respondi ao questionário eu não sabia que o iriri é uma ave muito briguenta e territorialista, diferentemente de minha filosofia de vida...

Estava ainda inteiramente envolvido com a possibilidade futura de ser um iriri, quando descobri que haviam roubado minha velha bicicleta. Fiquei muito triste, pois adorava pedalar pelos quarteirões próximos de casa. E ainda pensei: se realmente fosse um iriri, não dependeria de bicicleta para me divertir. Fiquei cerca de 2 anos sem bicicleta, até meu aniversário de 13 anos quando papai me presenteou com uma linda bicicleta Hércules, roda aro 28, novinha. No Brasil ainda não se fabricavam bicicletas e essa era inglesa, tendo cano duplo como reforço do quadro de sustentação entre o selim e o guidom. Uma lindeza que passou a ser minha companheira diária até depois de casado.

Lembro-me muito bem quando fiz 15 anos, em julho de 1954. Lá em casa não se fazia uma festa para se comemorar a data, apenas um almoço ou jantar especial. Como eu e mamãe fazemos aniversário no mesmo dia, naquele ano foi um almoço especial para nossa família com a participação de alguns tios, irmãos de papai e mamãe. Como sempre, vivíamos tempos conturbados, mas nesse ano em especial a movimentação política cada dia se tornava mais complicada em decorrência dos graves desentendimentos entre o Presidente Getúlio Vargas e seu eterno algoz, o "enfezado" jornalista Carlos Lacerda. Em verdade, as atitudes e ações desse político eram perversas e contundentes contra todos aqueles que buscavam uma sociedade com justiça social, impedindo a cobiça e empáfia dos conhecidos donos do poder. A cada dia, Lacerda se esmerava em alguma perseguição ao Presidente, fato que me incomodava profundamente, pois desde jovem me preocupava com o que hoje conhecemos por abismo social, pobreza e perseguição política. A conturbação do país era tão grave e tão contundente, que repercutiu ainda por um longo tempo no país, mesmo porque os desatinos do tal Lacerda continuaram por diversos anos. Como durante todo esse tempo me sentia agredido em meus ideais de justiça, julgo importante relatar alguns fatos promovidos pelo infernizador da vida alheia.

Entre os partidos políticos da época, três eram considerados os mais fortes e representativos de nossa sociedade: PTB (Partido Trabalhista Brasileiro), que reunia as forças trabalhistas, lideradas por Getúlio Vargas; UDN (União Democrática Nacional), aglutinando a elite civil, militar e religiosa conservadora, liderada pelo Carlos Lacerda; PSD (Partido Social Democrata), reunindo as forças de centro, lideradas naquela época por Juscelino Kubistchek de Oliveira. Carlos Lacerda era um exemplar típico da direita ensandecida (semelhante aos atuais negacionistas bíblicos, usuários das redes sociais), dono do Jornal Tribuna da Imprensa. Era um reacionário católico inteligente e culto, possuindo uma dialética contundente e mordaz. Como uma metralhadora, atirava ofensas verbais em todas as direções, agredindo a todos que pensavam diferente dele. Com essas armas, apoiado por alguns militares da aeronáutica, infernizou a vida de Getúlio Vargas, sempre usando a mentira de que "a corrupção instalada e o perigo comunista rondavam o Brasil". A perseguição ao Presidente chegou a tal ponto que Getúlio Vargas se suicidou no dia 24/8/1954. Essa decisão terrível promoveu uma comoção nacional, pois Getúlio Vargas era adorado pelo povo. Era considerado o "pai dos pobres", pois, nas duas vezes que comandou o país, dedicou-se totalmente a defender os "trabalhadores do Brasil" (como gostava de iniciar seus discursos), instituindo o salário-mínimo, o descanso semanal, férias, aposentadoria e outras leis necessárias para impedir a mesquinha ganância de muitos patrões. Em verdade foi um dos grandes Presidentes do Brasil.

Assim que a notícia da morte de Getúlio se espalhou pelo país, a população se revoltou contra o destempero do famigerado jornalista, buscando-o como a um cão danado responsável pela morte do ídolo. E onde a triste figura foi se esconder? Muito sintomaticamente na Embaixada Americana, de onde foi retirado por um helicóptero da marinha, que o colocou a salvo em um navio ancorado na Baia de Guanabara.

Getúlio Vargas esteve por duas vezes no comando do país e meu pai não gostava dele, especialmente durante o período que, como ditador (1930 a 1945), governou o Brasil com mão de ferro. Quando dirigiu o país pela segunda vez, agora eleito dentro das regras democráticas, tornou-se um grande presidente. Lutou pela industrialização e a modernização do país, ampliando as formas de proteção do operariado contra a ganância dos que ainda mantinham a mentalidade patriarcal de "senhores do engenho". Com a morte de Getúlio Vargas, seu vice, Café Filho, tomou posse. No ano seguinte, isto é, em outubro de 1955 haveria eleições para Presidente e Vice-presidente do país. E não é que o imbecil do Lacerda novamente se envolveu em golpes contra as eleições e depois contra a posse dos candidatos vencedores? E qual a razão desses destemperos? Porque os que ganharam as eleições foram Juscelino Kubistchek (PSD) para presidente e João Goulart (PTB) para vice, e não os candidatos da UDN! (Repetindo a história, esse filme besta foi reprisado agora nas eleições de 2022/2023 pelos medíocres lacerdas atuais, ungidos por pastores mal-intencionados). Perdida a eleição, passou a infernizar a vida do grande JK, ao promover três tentativas de golpe. A primeira, ao tentar impedir a posse do novo Presidente, que só ocorreu pela intervenção forte e rápida do General Henrique Teixeira Lott, que prendeu o nefasto deputado Carlos Luz, presidente do Congresso, colega do Lacerda. A segunda tentativa de golpe ocorreu cerca de 1 mês após a posse de JK, quando, com o apoio de Lacerda, três oficiais da aeronáutica roubaram um avião do hangar da base aérea do Rio de Janeiro, entupido de armas e explosivos, decolando em direção ao pequeno campo de pouso de Jacareacanga, no sul do Pará, de onde planejavam incitar uma guerra civil no país. E a terceira tentativa de golpe ocorreu no final do mandato de JK, quando o Lacerda, juntamente com oficiais da aeronáutica e o General Humberto Castello Branco (o mesmo que no golpe de 1964, também realizado com a participação de Carlos Lacerda, tornou-se o primeiro de uma série de ditadores militares), sequestraram um avião da empresa Pannair do Brasil, em pleno voo, repleto de passageiros e o desviaram para Aragarças, em Goiás, com o mesmo intuito de derrubar o Presidente JK. Comentei sobre essas ações degradantes porque cada uma delas feriu profundamente meus valores, sentindo-me desiludido com a espécie humana, pois além da bestialidade do "enfezado" me via obrigado, dentro e fora da família, a conviver com pessoas que ainda o aplaudiam. Diante dessas pessoas resistentes ao bem coletivo, sentia-me agredido pessoalmente, tal era a vociferação bestial desses energúmenos.

Felizmente, com a habilidade e apoio da parcela equilibrada e sensata das forças armadas e da grande maioria da população, JK não sucumbiu à mediocridade da direita egoísta e não alimentou as fofocas promovidas pela mídia. Com habilidade abafou as tentativas dos golpes e depois anistiou os militares, enfraquecendo-os. Por outro lado, as atitudes de firmeza e serenidade pública do Presidente para reconstrução do país reacenderam em mim o entusiasmo para continuar acreditando no destino positivo da humanidade. Em verdade, entre 1956 e 1961, com suas realizações positivas, seu bom humor e determinação, JK despertou a autoestima no povo brasileiro. Nosso país passou a ser respeitado pelo mundo, progredia aceleradamente, saindo do subdesenvolvimento econômico, social e cultural. Vivíamos tempos de euforia e esperança.

Lembro-me bem de meu aniversário de 15 anos, em julho de 1954. Essa data me marcou muito porque nesse dia meu irmão Helvécio, 7 anos mais velho que eu, já estudante de engenharia e seguidor dos movimentos da Ação Católica progressista, deu-me um presente especial: o livro *A descoberta do outro* do famoso escritor católico Gustavo Corção. E justificou a escolha do presente: "Temos conversado muito sobre essas confusões políticas que vivemos e percebo sua tristeza ao deparar com mendigos pelas ruas, mas ao ler este livro verá que existem caminhos diferentes para a humanidade. Jesus não veio só para nos mostrar o caminho da salvação de nossa alma, mas veio também para mostrar o caminho da paz e da justiça entre os homens de boa vontade!" E ao entregar-me o livro sugeriu que eu deveria fazer parte da Juventude Estudantil Católica (JEC), pois ele já era membro da Juventude Universitária Católica (JUC) e gostava bastante. Conforme explicou, o objetivo maior desses movimentos era colocar em prática os ensinamentos cristãos, buscando o crescimento espiritual e material das pessoas, desenvolvendo lideranças úteis para a construção de uma sociedade com base na justiça social. Ou seja, estimulava a coerência entre a vida religiosa de cristãos e a vida real como cidadãos.

Realmente, com o passar de poucos anos, entre o desejo mirabolante de ser um andarilho, até a leitura do livro, minha percepção do mundo mudou. Passei a ter uma compreensão mais clara e esperançosa em nossa espécie, mas quanto ao convite para participar da JEC, não me entusiasmei de imediato. Eram siglas de movimentos religiosos que eu desconhecia. Precisava conhecer melhor o funcionamento e quais eram os objetivos reais desses movimentos. Meus pais eram católicos praticantes, porém não viam com bons olhos as atitudes de fiéis carolas, beatos fanatizados pelas leituras e pregações manipuladoras de bispos e padres conservadores. Pode parecer estranho duvidar dessas falas ditas nos púlpitos, nas ladainhas e nas novenas, mas a Igreja Católica (aliás como todas as religiões) desde seus primórdios sempre esteve atrelada ao poder. Em verdade, a doutrinação religiosa conservadora passa integralmente pelo objetivo de transformar o povo em fiéis submissos, incapazes de reagir, aceitando sem contestação a manipulação dos donos do poder. Todas as pregações intencionalmente induzem ao medo, pois o medo é uma ferramenta envolvente, capaz de perpetuar o fiel submisso à casta dominante. Outra forma de dominação é o uso da palavra *comunismo*, descrita como se fosse uma entidade diabólica, um bicho-papão, ávido por devorar criancinhas. É uma ferramenta sutil e poderosa, pois a mentira gera a dúvida, que corrói a verdade, e o medo gera fraqueza e submissão. Assim, o cidadão comum, desavisado ou conservador, passa a ter pavor do risco iminente de perder sua casa e ver destruída a *sagrada* estrutura da sua família. E quem condena esse *comunismo* assim descrito, sente-se puro, lúcido e protetor da família e da Pátria.

Incomodado com as formas arcaicas do catolicismo predominante na sociedade, achei melhor dar tempo ao tempo para decidir se me filiaria à JEC, dirigido por sacerdotes progressistas, cristãos autênticos. Um dos fatores que me fizeram retardar minha filiação à JEC era minha indignação pela história da igreja, quer pelo antigo missionarismo mutilador de culturas indígenas, quer pela dominação de povos e nações em nome da religião e também pelo radicalismo conservador do Papa Pio XII. Eram dúvidas cruéis, porém não me impediam de acreditar em um cristianismo, talvez idealizado, mas desejoso de promover o entendimento entre as pessoas e reorganizar a sociedade. Desejava encontrar um cristianismo dedicado a reconstruir o mundo. Não me preocupava com a salvação eterna das almas no paraíso. Meu desejo maior era ver meu povo viver bem aqui e agora.

5 Mudança de Rota

Aos 17 anos continuava estudando no Colégio Santo Agostinho para completar o curso secundário. Naquela época, o Segundo Grau oferecia três modalidades de cursos: o Científico, para quem desejasse seguir carreiras ligadas à saúde ou biologia; o Clássico, para alunos direcionados para as ciências humanas (Direito, Filosofia) e o Exatas para quem pretendia ser engenheiro, físico. Mesmo sem haver definido a profissão que pretendia seguir preferi matricular-me na primeira modalidade, pois sentia afinidade pelos estudos biológicos. O curso científico era muito abrangente e como o Colégio possuía professores de alto nível, senti-me bastante animado em encontrar um propósito positivo para minha vida. Qual profissão seguir? Decisão muito difícil diante das poucas experiências vividas e do conhecimento limitado sobre a realidade profissional dos adultos que me rodeavam. Maurity, meu irmão mais velho, desde jovem era prático e objetivo em suas ações e vendo minha indecisão sugeriu que fosse trabalhar com ele. Já havia concluído o curso de engenharia e montou uma pequena construtora dedicada a reformas e construções de casas, além de calçamento de ruas em bairros novos. Contratou-me e passei a trabalhar como cobrador de serviços prestados, além de ser responsável pelas atividades de bancos e cartórios. Estudava pela manhã e à tarde trabalhava. Foi uma experiência muito rica ao lidar com pessoas as mais variadas, além de conhecer o funcionamento do comércio, o valor do dinheiro e aprender a economizar para saber quando e como gastar o salário.

Em minhas cobranças mensais, impressionou-me o comportamento de dois clientes residentes em um loteamento novo no

Bairro da Serra. Um deles pelas descabidas e mentirosas justificativas mensais para atrasar o pagamento. O outro era um senhor educado, que residia com sua família (esposa e dois filhos adolescentes, todos nascidos na Suécia) em sua casa construída por meu irmão no mesmo Bairro. Pois bem, depois de algumas visitas mensais convidou-me para conhecer a sauna finlandesa que havia construído no quintal. Ao mostrar a sauna me disse que a família a usava com muita frequência, todos juntos e pelados, inclusive seus filhos, um rapaz e uma moça. Fiquei completamente desconcertado diante desse costume, pois nossa cultura católica familiar era totalmente pudica. Foi uma experiência enriquecedora conhecer esse costume tão comum nos países nórdicos e constatar, pela primeira vez, que nossa espécie tem padrões morais diversificados e aceitos como condutas normais, sem pecado, dependendo da cultura e dos costumes predominantes no país.

Depois de um bom tempo nesse trabalho, tive que sair, pois para o bom rendimento do serviço era necessário um funcionário em tempo integral. Fui então ser bilheteiro de um cinema. Um amigo meu abriu o Cine Capitólio, que se tornou um concorrido ponto de diversão no Bairro Santo André. Tinha sessões todas as noites (19 horas), exceto às segundas-feiras. Aos sábados e domingos havia sessões à tarde também. Foi uma experiência riquíssima em dois aspectos. A primeira em lidar com o público muito heterogêneo, desde crianças até adultos e também pela diversidade social, variando entre pobres e remediados. Mesmo sendo um ambiente diferente, sentia-me bem, onde fiz vários conhecidos entre os clientes mais frequentes. E foi aí, pela primeira vez na vida, que tive contato com um usuário de droga, um rapaz bem-vestido e muito educado. Frequentava o cinema sempre acompanhado de sua "namorada", que para minha surpresa soube mais tarde ser sua "amante", palavra pouco usual nas conversas familiares. Alguns meses depois de conhecê-lo, soube que havia sido preso. Além de usuário era também traficante, palavra que nunca havia ouvido antes. A segunda experiência como bilheteiro, e não menos importante para meu crescimento como gente, era a necessidade constante de fazer conta rápido para devolver o troco correto e ao final de cada sessão acertar o *bordereau* (isto é, o bloco do caixa com o número de pagantes). Se ocorresse algum erro de caixa, a responsabilidade era toda minha. Foi aí que me dei conta dos conselhos de meus pais e irmãos sobre a necessidade de aprender tabuada enquanto estava no grupo escolar. Gostei demais desse trabalho também, pois muitas vezes após fechar o caixa, ainda assistia ao filme, geralmente algum faroeste ou comédias de grande audiência com artistas brasileiros consagrados: Oscarito, Grande Otelo, Adelaide Chiozzo, Eliana Macedo e Anselmo Duarte. Como a vida é uma colcha de retalhos, onde cada retalho tem importância decisiva nas costuras seguintes, a função de bilheteiro me induziu a andar com moedas e notas de valor pequeno para facilitar o troco em padarias, sacolões, farmácias. Ao fazer alguma compra sempre comento com a funcionária do caixa: fui bilheteiro de cinema e sei como é maravilhoso receber o pagamento com dinheiro trocado...

Na chácara dava continuidade à minha criação de porquinhos-da-índia, de cães e depois acrescida de pombos-correio e galinhas garnisés. Mas mesmo com tantas atividades diferentes não conseguia descobrir uma profissão que me entusiasmasse. O que realmente me interessava? Como poderia me sentir gente, contribuindo com meu trabalho para o bem coletivo? Sonhava com um mundo melhor, mas como trabalhar para isso?

Nessa época havia um programa no rádio e no jornal intitulado "Por um mundo melhor", escrito e apresentado pelo Padre João Botelho, cujos ensinamentos e palavras me entusiasmavam e me emocionavam. Consegui marcar uma entrevista com ele na Igreja da Boa Viagem, mas ao conversarmos entendi que a tarefa para transformar o mundo estava muito acima das possibilidades humanas. Só um milagre de Deus poderia corrigir nossas mazelas. (Poderia ter perguntado: se foi Deus que fez o mundo assim, porque não se esforçou um pouco mais e o fez melhor de imediato? Mais adiante mostrarei a razão pela qual hoje não faria essa pergunta). Fiquei triste e decepcionado com essa conclusão, mas restou uma leve esperança de existir uma solução mais objetiva, construída por nós mesmos, para fazermos um mundo melhor. Afinal, não somos coautores na construção do mundo?

Decepcionado, mas não desanimado depois da conversa com o famoso Padre João Botelho, continuei na busca de um caminho que pudesse levar um adolescente desejoso de fazer desse mundo tão bonito um lugar onde todos pudessem viver melhor. Se as ações tresloucadas do jornalista e político Carlos Lacerda e o encontro constante de mendigos pelas ruas me entristeciam, também eram estímulos para buscar esse caminho. Em verdade, meu grande estímulo eram as realizações do governo JK. Cada discurso dele, cada meta de governo enfrentada e realizada me animavam, acendendo a chama do patriotismo e da euforia por meu país. Foi quando resolvi aceitar o convite de meu irmão Helvécio para entrar na JEC. Foi uma decisão demorada, mas acredito que ocorreu no momento certo de minha vida.

No ano anterior, ocorreu um fato que me ajudou a tomar essa decisão. Após reler o livro do Gustavo Corção, resolvi ler outros de sua autoria. Sentindo-me um intelectual, fui até a Livraria Pax, localizada na Avenida Afonso Pena junto da Praça Sete, e comprei dois livros do mesmo autor: *Três alqueires e uma vaca* e *Lições de abismo*. Interessante que ao ler esses livros achei a mensagem pouco condizente com o cristianismo autêntico, empenhado em transformar a sociedade, em buscar um equilíbrio social. Mas eu era muito jovem para avaliar as diferenças entre uma pregação progressista, que me entusiasmava, e a ladainha conservadora sempre atrelada aos poderosos, que me repugnava.

Em um domingo pela manhã, que meus pais não iriam passar o dia na Chácara Rancho Alegre, fui até o Convento dos Dominicanos, localizado no final da Rua do Ouro, pouco acima da chácara onde eu havia nascido. Apresentei-me ao porteiro e expliquei o motivo de minha presença. Poucos minutos depois já estava no pátio onde diversos rapazes e moças conversavam animadamente. Procurava alguém conhecido, mas não encontrei ninguém do bairro ou do colégio. Estava assim parado quando um dos rapazes se aproximou e ao saber o motivo de minha presença, levou-me até um Frei que estava em outra roda de jovens, contando casos do nordeste, onde havia nascido. Recebeu-me com entusiasmo e explicou-me o motivo daquela reunião. A missa havia terminado e todos estavam ali lanchando, em um momento de descontração. Foi uma acolhida agradável, mas senti-me como que "assediado para fazer parte da turma". Em verdade, quando a cortesia ou amabilidade são excessivas, até hoje me coloco na defensiva, pois imagino interesses ocultos... Talvez esse sentimento seja decorrente de minha forma mais solitária de viver, mais retraído, com atividades independentes (ciclismo, caminhada, natação, leituras). Ou seja, não era (e continuo não sendo) muito afeito a participar de turmas e de grupos. Mas como meu irmão havia sugerido participar daquele movimento, aceitei o desafio. Segundo o Frei explicou-me, as reuniões informais e culturais eram realizadas aos sábados à tarde em uma velha casa localizada na Rua Guajajaras, contra esquina da Rua Rio de Janeiro, e aos domingos, no Convento, às 9 horas, era celebrada a missa especial para os jovens pertencentes à JEC e à JUC.

Durante alguns meses participei de quase todas as reuniões na casa da Rua Guajajaras. Era relativamente perto de minha casa, podendo ir a pé. As reuniões eram agradáveis, onde os frades estimulavam conversas sobre assuntos diversos ou também faziam comentários sobre livros, com a participação ativa dos presentes. Em uma dessas reuniões, o tema da conversa foi sobre os livros de Gustavo Corção. Quase todos ali presentes já os havia lido, mas achei interessante que os comentários coincidiram com a mesma impressão que tive. Ou seja, não foram condenados, mas discordaram da visão conservadora do autor. Outra parte interessante das reuniões se referia sobre as experiências de vida e atividades dos frades, junto de comunidades (favelas), inclusive com participação ativa de estudantes universitários, membros da JUC.

Já nas missas dominicais celebradas no Convento frequentei poucas vezes. Em verdade, desde muito novo minha participação nas missas era nula. Aos domingos frequentava a missa em uma igreja em frente de minha casa, mas achava o ritual monótono, incompreensível. Repetição enfadonha de palavras e gestos que não me despertavam nenhuma aproximação com Deus ou Jesus. Corpo marcando presença, mas a mente distante, voando como borboletas imaginárias. Sermões pouco criativos seguindo o mesmo padrão há séculos. Usualmente só me lembrava de ficar de pé, assentar ou ajoelhar quando o sininho tocava e aí acompanhava a posição dos demais presentes... Ao acompanhar as missas do Convento também não gostava do ritual antiquado, porém o ambiente era cativante, com sermões coerentes com a realidade, estimulando o engajamento do cristão na sociedade, em ser "o sal da terra". Sentia-me empolgado, como se estivesse ouvindo o Cristo na Galileia falando para seus discípulos, os pobres e excluídos do Império Romano. Mesmo assim, fui poucas vezes nessa missa. Era muito longe, tendo que tomar dois ônibus, além do que aos domingos a atividade sagrada para mim era ir com meus pais passar o dia na Chácara Rancho Alegre. Essa justificativa era verdadeira e legitimava minhas ausências, mas acredito que o motivo real de não ir ao Convento aos domingos era outro. Nunca me agradou participar de reuniões prolongadas com amigos ou colegas da escola. E no Convento não gostava de participar das conversas após a missa. Sentia-me deslocado, sem assunto, só pensando em arranjar um motivo razoável para sair dali e retornar para minha casa. Em verdade, desde criança fui estimulado a ser independente e criativo, sem participar de turmas, mas selecionando os amigos conforme o ditado antigo: "diga com quem andas e direi quem és".

Devo dizer que apesar de ter tido uma participação pequena na JEC, foi uma experiência riquíssima, onde aprendi muito sobre o valor das religiões para aglutinar, apoiar e confortar os fiéis, dando-lhes uma direção na vida. Compreendi também o significado real de ser cristão, ou seja, ser "o sal da terra", agindo com coerência em cada momento de sua vida, lutando contra as injustiças sociais. Por outro lado, percebi que se em nome de Deus os fiéis são rotulados de "pecadores", antecipa-se o medo das punições tornando-os pessoas manipuláveis e submissas. Por outro lado, como o poder aglutinador das religiões é muito forte, podem facilmente aglutinar e manipular as vontades e as inteligências de pessoas ingênuas ou possuidoras de interesses escusos, mas protegidas por couraças imundas. São os fariseus de sempre, que enganam seus seguidores, também desejosos de obter vantagens imerecidas. A mentira e o medo são as ferramentas desses hipócritas que em nome de Deus ou Jesus buscam riqueza, poder e dominação. Esse modelo, fielmente seguido pelos falastrões apocalípticos, é incomodamente encontrado em cada metro quadrado de meu bairro. Dá dó e, às vezes, náuseas...

Mas foi em uma das reuniões na casa da Rua Guajajaras que conheci o livro que me mostrou o caminho que buscava: *Geografia da fome*, de Josué de Castro. Esse autor era médico e político pernambucano, preocupado com a saúde de seus conterrâneos. Ao buscar as causas e consequências da pobreza reinante nos países subdesenvolvidos, percebeu que um dos grandes dramas da humanidade era a fome. Quem passou fome um dia, ainda que tenha sido pelo atraso da refeição, sabe como é doloroso. Mas a fome crônica, causada pela seca prolongada, pela ausência permanente de comida ou pela cobiça de certos distribuidores de alimentos, é chocante e inadmissível.

Ao final da reunião tive a oportunidade de ler algumas linhas da apresentação do livro, fato que aguçou meu desejo de comprá-lo e fazer uma leitura minuciosa. Poucos dias depois, com uma curiosidade enorme, retornei à Livraria Pax para matar minha fome de leitura.

6 Buscando o Caminho

A leitura do livro *Geografia da fome* mostrou-me as diferentes causas responsáveis pela existência e manutenção da fome no mundo. Foi uma informação que me emocionou e me fez tomar a decisão que deu norte à direção que desejava para minha vida: estudar e trabalhar naquilo que permitisse colocar o alimento no prato das pessoas. Essa leitura ocorreu em 1958, quando estava no terceiro ano do curso científico. Interessante que a partir dessa decisão, senti-me feliz, despreocupado. Se a dificuldade em visualizar uma profissão me atormentava, a incerteza profissional dissipou-se e passei a viver um período leve e descontraído.

Nessa época Elvis Presley estava no auge de sua carreira. Muitos anos depois entendi que esse artista fazia parte da intensa propaganda americana, por meio de artistas e filmes. Ao conquistar admiradores no mundo todo, divulgavam (ou impunham?) sua cultura e poder. As músicas desse artista e sua forma extravagante de dançar empolgavam a todos os jovens. Lembro-me também que nossos pais não apoiavam esse ídolo, especialmente quando as filhas ensaiavam alguns passos acrobáticos. Em defesa do cantor, alguns amigos comentavam: mas na época que nossos pais tinham nossa idade o "Charleston" não horrorizava nossos avós? Pois bem, a animação era geral, promovendo diversas alterações no comportamento dos adolescentes da época. A mais evidente foi intensificar a presença de rapazes e moças oriundos da classe média na Praça Raul Soares. Era o ponto de encontro garantido da juventude: às quintas-feiras entre 19 e 21 horas. Enquanto as moças rodavam repetindo o trajeto circular da Praça, os rapazes ficavam estacionados em pontos certos, cada grupo originário de um bairro. Não víamos o tempo passar, apreciando o desfile gracioso das donzelas casadoiras, usando vestidos coloridos e sedutores. A bela "paisagem desfilante" estimulava a sensualidade e veia poética masculina, proferindo frases bem-humoradas e aparentemente cativantes. Muitos namoros e casamentos tiveram início ali. E alguns rapazes, para chamar a atenção de determinada moça, atreviam-se a exibir passos mais ousados do Rock'n Roll, além de caprichar nos penteados arrojados.

Participava e gostava de frequentar os desfiles das donzelas na Praça Raul Soares, mas havia um grupo de moças que não participava dessa diversão. Eram as filhas dos pertencentes à classe média alta. E para dar vazão à onda de alegria existente no país, um dos meus amigos, o Diocélio, filho do dono de uma grande loja de discos (de vinil, os únicos existentes na época) e equipamentos de som, formou um clube de dança: o "Clube 99". Fui convidado pela Tânia, minha vizinha, a participar do clube e logo me filiei. A atividade do clube era promover reuniões dançantes no penúltimo sábado de cada mês na casa de alguma moça associada. Apesar da proposta inicial de ter no máximo 99 sócios, o clube nunca atingiu esse número de associados. Acredito que não passávamos de 30 sócios assíduos. Em algumas ocasiões apareciam os famosos "penetras", que participavam de uma ou outra festa, sem pagar nada. Usualmente eram rapazes (raramente apareciam moças) parentes dos donos da casa, o que era bom, pois ampliava o número de dançarinos. Eram festas animadas, onde os sócios participavam desde a organização da casa (arrastar móveis da sala de visitas ou limpar e preparar alguma coberta no quintal) até providenciar "os comes e bebes" bem de acordo com os gostos e costumes da tradicional família mineira. O Diocélio providenciava o som e os discos. As festas tinham início às 19 e terminava às 21 horas. O Clube teve vida efêmera, pois como o número de moças associadas não aumentava e na casa de algumas não havia espaço para se organizar festas, alguns pais começaram a reclamar da repetição das reuniões em suas casas.

Mas um aspecto interessante desse clube e das reuniões na Praça Raul Soares era a composição dos grupos sociais. Enquanto na Praça a maioria das moças e rapazes pertencia à classe média, já no Clube 99 a presença dominante era de representantes da classe alta, que por sua vez não frequentavam a Praça. Mas com o passar do tempo, a Praça passou a receber também moças e rapazes da classe média baixa. Esse fato provocou uma reação dos pais das moças que antes iam ali se divertir e namorar: proibiu-as de frequentar a bela e agradável Praça. Interessante que a partir dessa proibição o movimento da Praça se esvaziou, porém pouco tempo depois foi sendo ocupada apenas por moças e rapazes da classe média baixa, animando o espaço novamente.

Essas alterações dos frequentadores da praça me incomodavam, mas naquele momento não me preocupei em descobrir qual o motivo das mudanças, mesmo porque também reduzi minha frequência, por dois motivos: já havia entrado para a universidade e minha namorada não residia próximo de minha casa. Quanto ao Clube 99, deixei de comparecer em algumas festas, pois se tornou monótono encontrar sempre as mesmas pessoas, com as mesmas conversas e objetivos de vida. Gostava das festinhas e do encontro com moças e rapazes animados, mas a repetição do "cardápio" agia no sentido contrário ao interesse das pessoas: curiosidade e aventura. E assim o sentimento de vazio promoveu o esvaziamento das festinhas. Estava buscando atividades diferentes ou uma forma de reativar nossas reuniões e achei melhor procurar o Diocélio.

Ele era apenas 2 anos mais velho, mas tinha uma longa experiência na loja de seu pai, além de ser o Presidente do Clube 99. Ele também estava desgostoso com as alterações ocorridas na Praça e deu uma interpretação que me causou espanto. Segundo sua interpretação, a razão da proibição das filhas em frequentar a Praça era puro preconceito. Essas famílias se sentiam superiores e suas donzelas não podiam se misturar com pessoas inferiores! Esse comportamento, típico da fina flor da burguesia nacional, era de uma insensatez completa. Essa constatação me repugnou por dois motivos. O primeiro por ser uma manifestação de pura submissão cultural decorrente da forma como fomos colonizados pelos países europeus. O segundo motivo de minha repugnância (que reflete até hoje em minha avaliação das pessoas) é a incoerência entre a pregação da religião oficial católica conservadora seguida por essas famílias e o cristianismo verdadeiro, cuja pregação maior é o respeito pelos semelhantes. E ao terminar nossa conversa, Diocélio ainda me disse: foi trabalhando no comércio, onde atendo pessoas de todos os níveis sociais, que aprendi a respeitar cada cliente, não como um comprador, mas como uma pessoa igual a mim. E foi nesse momento que lhe contei minha rica experiência de quando fui bilheteiro de cinema no Bairro Santo André, onde conheci e convivi com pessoas em nada diferentes das donzelas casadoiras do bairro Santo Agostinho. Os ideais matrimoniais eram os mesmos, porém vislumbravam uma vida adulta melhor e menos laboriosa que a de seus pais.

Minha intenção de abordar esse assunto foi decorrente de uma observação que meu pai havia me feito: "David, você tem um comportamento diferente de seus amigos vizinhos. Você diz que não gosta de participar de turma, de se envolver em grupos religiosos ou esportivos, mas é o único que frequenta a Praça Raul Soares, que foi bilheteiro de cinema, que participa do Clube 99, que faz natação e judô no Minas Tênis Clube e que se envolveu com a JEC. Lida com pessoas as mais diversas e nunca permaneceu em nenhum dos grupos". Não consegui dar uma resposta clara a papai, pois em verdade nunca havia me dado conta dessa minha característica. Mas pensando melhor percebi que como as turmas em geral eram formadas pelas mesmas pessoas, realmente eu não gostava de me sentir preso a elas. Tinha curiosidade em conhecer pessoas e formas distintas de viver, não significando que deveria me tornar "amigo" delas. Frequentava várias turmas em pontos diferentes do Bairro Santo Agostinho, tendo conhecidos em todas elas. Mas em verdade não era um bom companheiro para uma conversa prolongada, pois não acompanhava jogos de futebol, não gostava de tomar cerveja, não sabia jogar baralho e nem sinuca, não fumava e muito menos frequentava a zona. Assim, quando o assunto ou a atividade de uma turma se relacionava com algum desses temas, eu me deslocava para outra. E talvez percebendo minha curiosidade em conhecer pessoas e lugares, meus pais, sempre que possível, estimulavam-me a viajar. Pegava ônibus ou trem para conhecer o Sul de Minas, conhecer a construção da Barragem de Três Marias, visitar meus parentes em Curvelo ou Diamantina. Cheguei até a descer o Rio São Francisco, no famoso "gaiola" Juarez Távora, de Pirapora até Januária, retornando de ônibus. Viajava sozinho, apreciando as estradas, as plantações e as cidades onde pernoitava, conversando com pessoas nas mais diversas situações. Sempre que chegava em alguma cidade para pernoitar meu dever mais importante era ligar para casa, dando notícias. Acontece que telefonar via interurbano naquela época era uma novela. Era necessário ir até um posto telefônico, muitas vezes repleto de pessoas, para se fazer a ligação, sempre por meio de uma telefonista. A ligação podia demorar mais de hora para ser feita, muitas vezes com ruídos fortes impedindo a conversa, permitindo apenas dizer duas palavras salvadoras: estou bem!

No percurso das viagens, ao deparar com alguma fazenda ou terreno abandonado ficava imaginando: essas terras precisam ser usadas para produzir alimento e acabar com a fome no mundo. E assim, meu ideal profissional ia sendo reforçado. Mas com essa curiosidade e movimentação toda, como era possível ficar preso a uma única turma, mesmo sendo composta por pessoas diferentes e agradáveis? E até hoje sou assim: gosto muito de lidar com colegas, amigos, vizinhos e parentes, mas meu envolvimento é reduzido.

Mas retornando ao livro *Geografia da fome*, chegou o momento de dizer qual foi a decisão que tomei depois de tê-lo lido e relido. Iria estudar algo que produzisse alimento, especialmente alimento de alta qualidade nutritiva. E quais profissões poderiam me preparar para esse objetivo? Agronomia ou Veterinária. Como meu pai participava com frequência das famosas "Semana do

Fazendeiro" em Viçosa, onde fazia cursos variados para transformar a "Chácara Rancho Alegre em um brinco", decidi tentar o vestibular na Universidade de Viçosa (hoje, Universidade Federal de Viçosa), já famosa desde sua criação (1926). E como agrônomo ou veterinário, eu poderia seguir uma das duas especialidades que atenderiam aos meus objetivos plenamente: bovinocultura de leite ou avicultura.

Acontece que tomei essa decisão em 1958, e em 1959 seria obrigado a prestar o serviço militar. Essa fase, pouco animadora, será comentada no capítulo seguinte.

7 Curta Temporada

Este título representa bem meus sentimentos em relação às pouco produtivas atividades como aluno durante os 8 meses dedicados a cumprir minhas obrigações militares. Durou o tempo suficiente para demonstrar diversas sensações. A primeira delas é que não tenho habilidade ou estrutura psicológica preparada para permanecer junto com mais 100 colegas durante meses seguidos. Aliás, essa constatação reforça o que disse no capítulo anterior a respeito de participar pouco em turmas de amigos. A segunda é que gosto de ser criativo, de "inventar moda", de me envolver em aventuras ou desafios e buscar soluções. A terceira é que não consigo me submeter a qualquer organização que dependa de hierarquia, especialmente se for autoritária. Acredito na liberdade consciente, no respeito ao outro, na justiça e na dedicação inteligente ao trabalho. A quarta sensação que me atormentava era a inutilidade de marchar sem destino, sem objetivo, sem necessidade. Marchar por marchar, horas seguidas, ou limpar o mosquetão (fuzil) já limpo era irritante. Mas aprendi a compreender alguns sargentos e oficiais que davam a vida ao realizar essas tarefas. Eles as realizavam com dedicação e mente tranquila, sentindo-se um servidor da Pátria competente e honesto. São formas diferentes de entender o mundo e lhes garanto que uma não é melhor ou pior do que a outra. Simplesmente fazem parte da magnífica diversidade humana. Não prezamos muito a diversidade biológica? Pois a biologia explica que, desde os primórdios da vida, a diversificação das espécies foi um recurso fantástico que nos trouxe até aqui, assim como a diversidade humana nos permitiu sobreviver e nos organizar como sociedade.

Lembro-me que muitos alunos tinham os mesmos sentimentos que eu, enquanto alguns poucos participavam com bravura das marchas e das limpezas dos mosquetões. Esses eram denominados de “vibradores”. Lembro-me também do Comandante do Serviço de Saúde, Capitão Glassy, e de alguns tenentes e sargentos, cumpridores perfeitos dos regulamentos militares. Entre esses, destaco o Sargento Ayres, o Sargento Rodrigues e o Sargento Rocival pela dedicação, firmeza e paciência para com a “Turma da Saúde”, jocosamente apelidada de “enfermeiras” pelos alunos da Infantaria ou Cavalaria.

Todos os jovens saudáveis entre 18 e 20 anos devem prestar o serviço militar. Uns podem servir o Exército, outros a Aeronáutica ou a Marinha, conforme seu desejo. Preferi me alistar no Exército, pois o Centro de Preparação de Oficiais da Reserva (CPOR) distava apenas 5 quarteirões de minha casa. Escolhi o Serviço de Saúde por ter curta duração, apenas 8 meses. Ao seu término, o aluno alcança a patente de Terceiro Sargento, porém se me engajasse na Cavalaria ou Infantaria, a duração do curso seria de 2 anos e o aluno alcança a patente de Oficial da Reserva (Tenente?).

Após todas as atividades desenvolvidas, inclusive com um “acampamento” realizado durante 1 semana na unidade do Exército em Marechal Hermes, RJ, não me enturmei com nenhum dos demais colegas, apesar de manter uma boa camaradagem com todos eles durante os 8 meses de convivência. O Curso de Saúde teve início em dezembro de 1958 e terminou em agosto de 1959. Não posso afirmar que foi um período perdido em minha vida, pois foi dentro do Exército que pude entender alguns comportamentos militares, fato esse extremamente importante para moldar minhas ideias que apresentarei adiante. Como já disse, a vida é uma colcha de retalhos e esse retalho foi costurado junto do meu aprendizado para tolerar a ignorância ideológica.

A vida na caserna é regulada pelo Regulamento Interno de Serviços Gerais (RISG). O militar não pode realizar nenhuma tarefa fora do RISG. Ele deve e precisa ser obediente aos regulamentos ali descritos. Deve e precisa obedecer totalmente à hierarquia estabelecida. Deve e precisa ouvir e cumprir todas as comunicações oficiais. Deve e precisa seguir todas as recomendações políticas e ideológicas continuamente produzidas e veiculadas pelos superiores. Se agir ou pensar diferente, sofrerá as punições prescritas no RISG. Resultado, até hoje, o medo do comunismo é a arma secreta para orientar o militar a defender os valores maiores da Pátria, da Família e da Ordem estabelecida... E a doutrinação dos militares latino-americanos é realizada pela Escola das Américas (vulgarmente denominada Escola de Assassinos). Pertence ao Departamento de Defesa dos Estados Unidos, sendo um centro de treinamento no combate ideológico e militar ao comunismo. De 1946 (quando foi fundada) até 1984 funcionou no Panamá. A partir desse ano foi transferida para a Georgia, onde milhares de militares latino-americanos foram doutrinados com a ladainha de sempre. Na realidade essa famigerada escola, nas palavras de um militar, ex-professor na Georgia, afirmou que ela "se especializou em treinar os mais infames malfeitores do hemisfério".

Tomei conhecimento sobre essa Escola das Américas durante a ditadura militar. Soube, nessa mesma época, que havia entre nós uma escola com objetivos ideológicos semelhantes, denominada Escola Superior de Guerra (ESG). Acredito que essas duas entidades eram as responsáveis pela propagação de tanta maldade e tanto ódio de civis e militares contra os perigosos "comunistas". Havia prestado o serviço militar recentemente e não tinha visto entre meus superiores hierárquicos nenhum com tanta ruindade para se tornar torturador sanguinário. Mas durante a ditadura militar o comportamento de alguns civis (conhecidos meus) e de militares se transformou. Babando de ódio contra ideais humanitários promoviam e diziam horrores. Aliás, a tortura é a manifestação mais bestial, cruel, ignóbil e repugnante de uma pessoa. A manifestação dessa crueldade ocorre ou é liberada dentro de um ambiente maléfico, onde possíveis torturadores passam por treinamentos em escolas dirigidas por pervertidos. É um sistema de estimulação cerebral desencadeada entre pessoas previamente cruéis e repugnantes. De toda forma é um comportamento asqueroso de quem a aplica e de quem a defende ou enaltece o carrasco. Ambos, carrascos e defensores, merecem o desprezo da sociedade e devem ser encarcerados por toda a eternidade. Ao banir da sociedade comportamentos ignóbeis seria de grande alcance enaltecer os valores positivos de uma sociedade justa e equilibrada.

Analisando os objetivos e metodologias de lavagem cerebral daquela "Escola", pude compreender que ela foi criada conforme a determinação americana de dominar a América Latina por meio da Doutrina Monroe (1823). Essa doutrina tem executado seu programa à risca, bloqueando toda e qualquer tentativa de algum país latino-americano se tornar independente e forte. Nos últimos 30 anos o imperialismo americano aperfeiçoou seus objetivos adotando uma estratégia traiçoeira. Sem alarde e sem contestações, está atingindo resultados de dominação mais eficientes e mais amplos, pela doutrinação de milhares de fiéis, associando política com religião. E qual é essa estratégia? O envio maciço de "missionários" evangélicos, que se infiltram em todos os recantos urbanos, rurais e silvestres (em aldeias indígenas) do continente sul-americano. E assim, em nome de Deus, da Pátria, da Família e em defesa de costumes tradicionais associados a ideologias conservadoras, podem ser vistas dezenas de igrejas evangélicas e pentecostais em atividades efervescentes. É uma estratégia que demonstra bem a hipocrisia da propalada "amizade" americana. Em verdade, as orações em nome de Jesus e de Deus que se ouve ao andar pelas ruas de qualquer cidade latino-americana são o engodo. Os objetivos reais são outros, de manipulação das mentes e das vontades, que poucos percebem.

Desviei um pouco do assunto, mas acredito que apresenta forte relação do militarismo latino-americano e da evangelização acentuada da sociedade com as convulsões recentes que tristemente vivenciamos. E como ainda permanecem resquícios muito evidentes desses desatinos, é preciso que fiquemos alerta para não cairmos na besta tentação, ou comodismo beatífico, de fingirmos que a democracia e o bom senso venceram.

Concluído o serviço militar enfrentei o desafio de me preparar para o vestibular na gloriosa Faculdade de Agronomia da Universidade de Viçosa. Seria minha primeira tentativa para encontrar minha profissão escolhida. Os exames seriam realizados em janeiro de 1960 e, portanto, tinha 4 meses para revisar toda a matéria do científico. E para estudar com dedicação fui passar uma temporada naquela cidade.

8 Enfrentando Vestibulares

Viajei para Viçosa em um ônibus robusto o suficiente para enfrentar 250 quilômetros durante 6 horas em estrada de terra. Hospedei-me no Príncipe Hotel, onde dezenas de outros candidatos se apertavam em quartos distribuídos pelos seus 4 andares. De repente, vi-me junto com um bando de estudantes ansiosos pela concretização de um ideal. Poucas moças e muitos rapazes, oriundos do país inteiro para enfrentar o vestibular de um dos três cursos oferecidos: Agronomia, Economia doméstica e Técnico agrícola. Foi um período interessante, pois fiz amizades com dezenas de colegas. Talvez pela tensão coletiva, cada um sentia necessidade do outro para enfrentar os desafios da distância de casa e das provas iminentes. Durante o dia estudávamos no hotel e à noite participávamos de aulas práticas nos laboratórios da faculdade. Fiquei deslumbrado com os equipamentos e a habilidade dos professores, todos eles alunos veteranos, prestes a concluírem seus respectivos cursos profissionais. Dando aulas ganhariam um dinheiro extra que ajudaria nas festas de formatura.

Como o Príncipe Hotel ficava longe da Faculdade, papai enviou minha inseparável bicicleta, via trem de ferro (Central do Brasil). Meu entusiasmo era enorme, pois sentia-me responsável em alimentar o mundo. Havia escrito em uma folha de caderno as frases do livro *Geografia da fome*, aqui transcrita, que havia me levado até ali: "Os interesses econômicos das minorias dominantes também trabalharam para escamotear o fenômeno da fome do panorama espiritual moderno". "É que ao imperialismo econômico e ao comércio internacional a serviço deste interessava que a produção, a distribuição e o consumo dos produtos alimentares continuassem a se processar indefinidamente como fenômenos exclusivamente econômicos". E o autor, em pontos distintos do livro, ensinava: a fome coletiva é um crime social inominável e o fornecimento de proteína animal é um dos caminhos para debelar esse mal.

Em um fim de semana peguei minha bicicleta e fui conhecer melhor as instalações dos animais da universidade. Meu interesse maior era conhecer os setores de avicultura e de bovinocultura de leite, especialidades que pretendia me dedicar. Naqueles idos de 1960, a avicultura ainda era uma atividade pequena, dando os primeiros passos para se transformar na gigantesca indústria que é hoje. Mas em Viçosa as instalações eram excelentes para se criar galinhas poedeiras, frangos de corte ou gado leiteiro. Pela primeira vez pude ver reprodutores perfeitos desses animais, deixando-me entusiasmado. Identifiquei-me totalmente com o lugar, onde poderia participar com meu trabalho para o bem coletivo. E lembrando-me dos ensinamentos da JEC, pensei: quem sabe poderei colocar em prática o ideal cristão de ser o "sal da terra?"

Estudei bastante e passei em todas as provas escritas, que me pareceram fáceis, porém em uma das provas orais, diante do temido Prof. Gonçalves, de matemática, a tabuada me segurou. Ou foi algum teorema que não consegui demonstrar a contento? Resultado? Bomba no vestibular!

Retornei triste para casa, deixando por 1 mês minha bicicleta com o Roberto Amaral, colega do Hotel que havia passado no vestibular para Agronomia. Dois meses depois a devolveu, via Central do Brasil. Residia em Montes Claros e nos encontramos diversas vezes depois de formados. Anos depois tornou-se um ativo deputado federal.

O próximo vestibular de Agronomia só iria ocorrer no ano seguinte, isto é, em janeiro de 1961, quando já estaria com 21 anos. Muito tempo para esperar, detalhe exasperador para quem tem o hábito de não deixar nada para depois. Gosto de enfrentar o desafio assim que surge. Tive então a ideia de fazer uma criação comercial de galinhas poedeiras na chácara. Como disse, a avicultura ainda era uma atividade menor, quase que um subproduto da produção agropecuária. Galinhas e galos eram criados soltos pelos quintais ou currais, sem nenhum cuidado sanitário ou produtivo. Minha intenção seria fazer uma criação pequena, dentro de uma proposta moderna e científica divulgada pela Associação de Crédito e Assistência Rural (ACAR), que anos depois daria origem à famosa EMATER. Para isso deveria aprender essas técnicas novas e me tornar um avicultor. Como era meu costume, sempre que estava diante de alguma decisão a tomar sentia necessidade de conversar com meus pais e irmãos. A opinião deles sempre me ajudou muito.

Minha ideia foi aprovada, mas sugeriram que talvez o melhor lugar para aprender essas novas técnicas avícolas seria na Fazenda Santa Rita, próxima de Sete Lagoas. Deveria fazer uma visita e discutir com eles minha ideia. A Fazenda pertencia ao Ministério da Agricultura e uma de suas funções era orientar fazendeiros em aprimorar suas atividades agropecuárias. Papai já havia estado lá e gostado das orientações recebidas.

Dias depois peguei um ônibus na rodoviária e me dirigi para a Fazenda Santa Rita. Cheguei por volta de 10 horas, sendo muito bem recebido por um veterinário que compreendeu minha ideia e se desdobrou para transformar um curioso em um avicultor comercial. Forneceu-me também uma cópia do projeto básico da ACAR para se iniciar uma criação e acrescentou: "Assim que você estiver com as instalações básicas prontas, retorne aqui para lhe passar mais informações sobre os detalhes da criação, onde adquirir as matrizes, os cuidados sanitários e as formas de alimentação das aves". Às 16 horas já estava retornando para casa. Os ensinamentos foram muitos e variados, sentindo-me amedrontado diante de tantos detalhes necessários para se iniciar uma pequena avicultura comercial. Relatei para papai o resultado da visita e decidimos dar início ao empreendimento.

Cerca de 2 semanas depois, escolhemos o local onde poderia construir dois pequenos galpões (4 metros de lado), conforme o projeto indicado para dar início às atividades. Passei uma tarde inteira, sozinho, fazendo as medições e tentando demarcar com precisão os locais das colunas, conforme descrito no projeto. Ao final da tarde, cansadíssimo, pensei: se tornar-me um avicultor, farei isso o resto da vida e não conseguirei atingir meu objetivo de alimentar o mundo. Será melhor eu voltar a estudar, formar-me em agronomia ou veterinária e, aí sim, alcançar meu sonho inicial.

Chegando em casa à noite, na hora do jantar, de novo comentei com meus pais e irmãos essa decisão. E completei: acho que vou procurar nosso primo Gilberto, que já está no final do curso de Veterinária, e ouvir a opinião dele. A Escola é na Gameleira, onde poderei encontrá-lo e conhecer melhor a profissão. O que acham?

Novamente concordaram comigo, estimulando-me a seguir esse novo caminho. Gilberto recebeu-me com carinho, preocupando-se em valorizar a profissão e as diversas oportunidades de trabalho que apresenta. Naqueles idos de 1960, a Veterinária não tinha o prestígio que tem atualmente e a possibilidade de receber um primo como colega o deixou muito alegre. Mostrou-me alguns laboratórios dizendo-me: "Essas instalações são provisórias. O prédio novo está em fase de conclusão, é enorme, moderno e muito bonito. Vale a pena visitá-lo. Tenho certeza que gostará. Vou conversar com o Diretor para facilitar sua visita". E assim, poucos dias depois eu e papai fomos recebidos pelo Diretor, Prof. Leônidas Magalhães, no prédio novo, passando pela finalização dos últimos detalhes. Ficamos encantados com o que vimos e tomei a decisão: meu próximo vestibular será nessa Escola e vou passar. E assim, em janeiro de 1961 tive a imensa alegria de passar no vestibular, mesmo tendo sido classificado em último lugar. Mas gostei tanto da Escola, que em poucos meses tornei-me um dos melhores alunos da turma. Interessante que se no início do curso eu era um aluno quieto e calado; já a partir do final do primeiro ano, assumi vários cargos na política estudantil, organizando e movimentando toda a Escola: Diretor de Material Didático da nossa Cooperativa, Presidente do Diretório Acadêmico, Representante dos Estudantes na Egrégia Congregação da Escola e Dirigente da JUC. Enquanto aluno, durante todo o curso, dediquei-me totalmente às disciplinas ligadas à avicultura e à bovinocultura e, nas férias, sempre que possível, participava de estágios em fazendas para aprender na prática a lida com aves e vacas leiteiras.

E porque voltei a participar da JUC no Convento dos Dominicanos? Por um motivo inusitado. Como poderia imaginar que surgiria na face da terra um fanatismo religioso tão medíocre e assanhado como a TFP? Refiro-me à herética e fascista organização Tradição, Família e Propriedade. Essa famigerada TFP havia sido criada em 1960 por um advogado paulista, Plínio Correa de Oliveira, com a aprovação de bispos alienados e conservadores. Em Minas Gerais, o bispo de Diamantina, D. Geraldo Proença Sigaud, era o chefe. Jovens rapazes eram aliciados entre as famílias católicas conservadoras com a justificativa de defender a propriedade e a família contra a "iminente invasão comunista". Repetição do besteirol de sempre. Um jovem vizinho, com 17 anos de idade, "alistou-se" ao movimento com a orgulhosa aprovação dos pais. Cerca de alguns meses depois abandonou a própria família para participar de corpo e alma na organização. Só então os pais se deram conta da lavagem cerebral que estava sendo feita com o filho. Mas o pobre coitado estava tão envolvido e manipulado pela organização que impedia toda e qualquer tentativa familiar de trazê-lo de volta. Finalmente, depois de meses de luta, conseguiram o retorno do rapaz, porém o ajuste à vida normal foi difícil, deixando sequelas psicológicas indeléveis. Assim como a droga química prejudica o cérebro, manipulações teológicas e ideológicas produzem efeitos mentais semelhantes.

Nessa época era comum ver pelas ruas das cidades grupos de jovens pertencentes à TFP, vestidos de terno preto, carregando bandeiras vermelhas defendendo valores medievais e proferindo palavras de ordem como os seguidores fanáticos de Hitler. Um horror presenciar esse movimento, sabendo-se do treinamento cruel a que eram submetidos. Representavam o lixo ideológico vergonhosamente criado e dirigido pelas lideranças católicas conservadoras, totalmente distantes dos ensinamentos do Mestre. E essa imbecilidade conservadora me assustou.

Em decorrência desse movimento minha indignação era tamanha que fui buscar forças na JUC, especialmente porque o mundo já vivia ares mais respiráveis graças ao Papa João XXIII, que estava fazendo um esforço enorme para tirar a igreja católica de seu conservadorismo medieval. A Teologia da Libertação e as Comunidades Eclesiais de Base estavam transformando o catolicismo em uma religião verdadeiramente cristã, estimulando o crescimento espiritual e social da humanidade, dando chance aos pobres e desvalidos da América Latina. Em decorrência dessas ações cristãs, esses energúmenos ligados à TFP consideravam o Papa João XXIII como um comunista perigoso. Por incrível que pareça, atualmente o Papa Francisco, também um cristão verdadeiro, é insultado pelos católicos e evangélicos conservadores.

Iniciamos 1964 envoltos em uma tensa crise política. De um lado estava um governo progressista, sob o comando do Presidente João Goulart e do outro as forças conservadoras, representadas pelos militares submissos ao governo americano, pelos políticos de direita (outra vez encabeçados pelo Carlos Lacerda) e pelos católicos reacionários. Os evangélicos, naquela época, não tinham expressão política, mas já estavam se preparando discretamente. A tensão crescia a cada dia e antevíamos a iminência de um golpe. Mas ocorreram dois golpes. O primeiro, em 31 de março, promoveu a destituição do Presidente João Goulart e a consequente destruição de um sonho de transformar o Brasil em um país soberano, independente e rico. O segundo golpe, pacífico e produtivo, ocorreu comigo, no mês de setembro. Esse foi promovido por forças científicas que mudaram minha proposta profissional de alimentar o mundo.

O Prof. Mário Barbosa havia iniciado há 1 mês a disciplina "Higiene e Saúde Pública" e já nas primeiras aulas teóricas e práticas me encantei com seus conceitos, sua aplicação ampla e sua importância para o bem-estar dos animais e das pessoas. Comentei com o Professor minha trajetória até ali e que suas aulas haviam me levado a pensar diferente. Percebeu meu dilema e incentivou-me a seguir esse novo caminho. Nessa época já estava noivo, preparando-me para trabalhar no Sul de Minas no

Plano de Manejo (PLAMAN) do Gado Leiteiro, um programa excelente iniciado no governo João Goulart, e pouco depois desfeito pelos coronéis da ditadura. Seguindo a orientação do Professor, dediquei-me a estudar a fundo sua disciplina e no final do ano, pouco antes de minha formatura, indicou-me para trabalhar no excelente Programa de Controle da Febre Aftosa, desenvolvido há anos pelo Ministério da Agricultura.

Após o golpe militar, o país em geral e as universidades em particular viviam momentos conturbados, com manifestações políticas e ideológicas violentas. Não vou entrar em detalhes dos acontecimentos após o golpe, pois os pormenores tenebrosos todos conhecem. A ditadura militar, em verdade, foi mais um dos desdobramentos da Doutrina Monroe de impedir um país latino-americano de se tornar forte e independente. A cada dia tinha-se notícia ou podia-se presenciar sequestros e torturas de alunos, de funcionários e professores. Um horror que precisa ser lembrado para ser repudiado. Mesmo diante dessas atrocidades, todas as faculdades da UFMG conseguiram levar os respectivos cursos até o fim, pois seria um desastre para o país se as universidades se submetessem totalmente aos que tentavam silenciar a ciência e a cultura.

E assim, enfrentando todas as incertezas e descaminhos da democracia, formamo-nos em dezembro de 1964. No dia 2 de janeiro de 1965 comecei a trabalhar no Programa de Controle da Febre Aftosa, no laboratório de teste de eficiência de vacinas, tendo como companheiro o experiente e dedicado Dr. José Maria Morethzon. O competente chefe do Programa era a grande figura humana, Dr. Thompson Bezerra. Serviço de enorme responsabilidade e totalmente novo. Aprendi muito e fiz ótimas amizades com os demais veterinários das equipes de laboratório e campo, destacando o Dr. Gil Guimarães Naves, pelo seu rigor e dedicação na fiscalização dos laboratórios particulares fabricantes das vacinas. Três meses depois casei-me com minha noiva Anamaria. Podia ter escolhido uma entre as dezenas de jovens vizinhas, que participavam do Clube 99, mas escolhi uma moça que residia em outro bairro. Como a conheci? De um modo bem peculiar. Um amigo danificou o cabo do cachimbo de um tio e pediu-me para fazer um novo. Como uma de minhas diversões era fazer cachimbo de jacarandá, consegui atendê-lo, porém tive que mudar o horário da missa dominical que frequentava. Ao invés do horário habitual da missa das 7 horas, vi-me obrigado a assistir a missa das 9 horas. E lá estava uma moça linda, que nunca havia visto antes. Devia residir em outro bairro, imaginei assim que a vi. Seguindo-a cautelosamente, descobri que se "escondia" no Bairro da Barroca. Mulher muito especial.

Trabalhei no laboratório de controle de qualidade das vacinas contra febre aftosa por 1 ano, mas sentia-me preso. Por ser um laboratório de virologia de segurança máxima, o rigor para se iniciar e terminar a jornada era total, com troca de roupas, sapatos e aventais. Gostava da metodologia e aprendi muito, mas não me acostumei com o isolamento. Em julho daquele ano houve um concurso público no Ministério da Agricultura, por meio do qual poderia ser efetivado. Era uma boa oportunidade de fazer carreira no Ministério e me preparei para as provas. Como era um concurso nacional, o resultado demorou a sair. Enquanto aguardava o resultado, foi crescendo meu descontentamento em trabalhar naquele ambiente controlado e restrito. Preferia um local mais livre e aberto, lidando com pessoas e ambientes variados. O livro *Geografia da fome* ainda rondava minha cabeça e tomei a decisão de buscar uma nova direção profissional. E, assim, em dezembro de 1965 comuniquei ao Dr. Thompson os motivos de minha autodemissão. Foi uma decisão difícil, pois gostava dos colegas e tinha grande admiração pelo Dr. Thompson.

9 Aventurando no Desconhecido

Pouco antes de comunicar minha intenção de buscar um novo caminho profissional, saiu o resultado no concurso. Tinha sido aprovado no concurso para o Ministério da Agricultura, mas preferi me aventurar em uma trajetória diferente. Já com minha esposa grávida do nosso primeiro filho, meus pais se assustaram com minha decisão. Segundo eles, estava aventurando no desconhecido, deixando uma carreira segura. Mas também havia passado no concurso para a Secretaria da Agricultura do Estado de Minas Gerais, onde o Dr. Ary Honório da Costa dirigia o Departamento de Integração Social Rural. Sabendo de meu interesse em saúde pública, convidou-me a trabalhar no Programa de Clubes Agrícolas, cujos objetivos coincidiam com os meus. O nome do Departamento se devia à integração entre as Secretarias Estaduais de Agricultura, de Educação e de Saúde. E assim as equipes de trabalho eram formadas por veterinário, técnico agrícola, professora e enfermeira. Um médico da Secretaria de Saúde coordenava as atividades de saúde. Devo dizer que trabalhávamos em 20 municípios na Região Campo das Vertentes, tendo como centro das atividades uma escola da zona rural. A partir dessa escola todo o trabalho se desenvolvia, iniciando por uma horta cultivada pelos alunos sócios do Clube Agrícola. Essa horta tinha dupla função: aglutinar os alunos da Escola e seus familiares na adoção de novas formas de produção agropecuária e fornecer verduras e legumes para a cantina escolar. Em verdade, o objetivo maior do Programa era realmente atingir os pais e promover a melhoria da produção de alimentos em suas propriedades. As enfermeiras cuidavam da higiene e saúde das comunidades, promovendo palestras e realizando exames de fezes dos participantes. Foram os resultados desses exames que me levaram por um caminho inesperado.

Logo que fui contratado para esse Programa, a proposta era trabalhar em tempo integral e receber o salário correspondente. Acontece que os meses foram passando e esse tempo integral não se efetivava, mas estava de tal forma empolgado com o trabalho, que me dedicava totalmente a ele. Passei, também, a me interessar pelas palestras e pelos resultados dos exames de fezes realizados pelas enfermeiras e percebi a elevada prevalência de parasitoses intestinais nos alunos e familiares. De imediato associei a elevada presença de helmintos com o mau desempenho das crianças na escola e na difícil aprendizagem de melhores técnicas de criação e plantação. Representavam o retrato perfeito da famosa frase de Monteiro Lobato: "O jeca não é assim. Está assim".

Fui um bom aluno de parasitologia veterinária e sabia dos efeitos danosos da verminose intestinal em bezerros, mas não sabia nada sobre parasitologia humana. Curioso, empenhei-me em conhecer o ciclo biológico e a epidemiologia dos parasitos citados nos relatórios das enfermeiras. Fui até a Biblioteca da Escola de Veterinária e peguei emprestado o conceituado livro *Parasitologia médica*, do Prof. Samuel Pessoa. Levei-o para casa e passei a estudá-lo. Pude ver como as parasitoses intestinais, especialmente em crianças, podem promover seu retardamento físico e mental. Fiquei tão alarmado com essa constatação que decidi comentá-la com meu chefe, o Dr. Ary Honório, que além de veterinário havia se formado em sociologia rural. Consciente do problema, também se preocupou com as dificuldades que as equipes estavam enfrentando e levaria essa constatação para o médico coordenador das atividades de saúde.

Procurando conhecer melhor as parasitoses e sua possível profilaxia, comentei com papai que desejava fazer um estágio no setor de parasitologia da Faculdade de Medicina da UFMG. Papai era professor aposentado de ortopedia infantil no Hospital São Vicente (onde existe hoje o enorme Hospital das Clínicas da UFMG) e conhecia o Prof. Amílcar Vianna Martins, cientista famoso e catedrático de parasitologia na Faculdade. Passados alguns dias, papai telefonou-me: "O Amílcar deseja conversar com você. Quer ouvir sua experiência com jovens em ambiente rural. Marcou uma entrevista para amanhã, às 14 horas em sua sala, na Faculdade, na Av. Alfredo Balena, 190, oitavo andar".

10 Um Desafio Promissor

O "amanhã" do recado de papai significava dia 26 de junho de 1966. Dez minutos antes da hora marcada desci do elevador, entrando em um amplo saguão, de onde originavam-se dois corredores. Para qual deles deveria dirigir-me? Nesse momento surge de um dos corredores um senhor moreno, forte, vestindo um avental longo, tendo as mãos protegidas por luvas cirúrgicas. Dirigi-me para fazer-lhe uma pergunta, quando se antecipou e indagou:

— Você então é a pessoa que veio conversar com o Professor? Pois vou levá-lo até o laboratório onde está lhe aguardando. E sorridente completou: Posso lhe dizer que marcou ponto com ele, pois chegou antes do horário combinado.

Entramos em um grande laboratório, com diversos microscópios e lupas, em frente de uma das quais se assentava o Prof. Amílcar, examinando uma lâmina de flebótomo (mosquito transmissor das leishmanioses), que o Sr. João Evangelista, a pessoa que me recebeu, havia acabado de montar para o mestre identificar. Levantou-se e nos dirigimos para sua sala, contígua, onde deparei com prateleiras repletas de livros e revistas científicas. Com a maior simplicidade do mundo, sentou-se diante de sua escrivaninha, em frente da qual me ofereceu uma cadeira. Pela primeira vez estava diante de um cientista famoso, vestido a caráter, usando um par dos típicos óculos de aro redondo e lentes translúcidas.

Como já havia aprendido nos tempos que fui Presidente do Diretório Acadêmico como proceder diante de professores importantes, fingi que estava calmo. O Professor, muito amável, desejava conhecer meu trabalho e a razão pela qual eu me interessei em fazer um estágio em parasitologia médica.

Descrevi da melhor forma possível a razão de estar ali, conforme relatei no capítulo anterior, enfatizando minha preocupação pela dificuldade que algumas comunidades apresentavam, não conseguindo acompanhar os ensinamentos técnicos. Fez diversas perguntas e procurei responder com calma, dando detalhes sobre as comunidades onde trabalhava e os parasitos encontrados pelas enfermeiras. Interrompeu as indagações e repentinamente me fez a seguinte declaração: "Não tenho como lhe oferecer um estágio, mas posso lhe oferecer uma vaga de professor auxiliar de ensino. Um de meus assistentes está de mudança para o Rio de Janeiro, onde trabalhará no Instituto Oswaldo Cruz e estou precisando de um substituto."

Mesmo surpreendido com a proposta, aceitei de imediato, pois, conforme o Prof. Amílcar informou, eu poderia trabalhar no Programa de Clubes Agrícolas pela manhã e à tarde na Faculdade. Disse-lhe que necessitava apenas comunicar ao Dr. Ary Honório essa oportunidade, mas já adiantava que seguramente ele concordaria, pois se incomodava com o fato de eu trabalhar em tempo integral, mas receber um salário correspondente a tempo parcial.

Antes de nos despedirmos, informou-me que providenciaria a contratação com duração de 1 semestre e que já em primeiro de agosto receberia uma turma de 20 alunos!

Cheguei em casa em êxtase. Minha esposa, ainda de resguardo do primeiro filho, também ficou eufórica e me deu todo o apoio psicológico necessário. Jamais poderia imaginar que um dia seria convidado para ser professor na Faculdade de Medicina da UFMG. Daria o melhor de mim, esforçaria-me ao máximo para fazer jus à confiança depositada em um jovem curioso. Mas gostava de enfrentar desafios e esse estava sendo o maior deles. Imediatamente telefonei para papai, que também se mostrou surpreso, mas confiante, pois conhecia minha determinação em fazer o que precisava ser feito.

No dia seguinte comuniquei ao Dr. Ary a proposta que havia recebido e conversamos sobre as mudanças que seriam necessárias no trabalho, pois não poderia viajar mais, pelo menos naquele semestre, durante a vigência do contrato experimental que assinaria. E para não perder tempo, no dia seguinte fui até a Escola de Veterinária da UFMG pedir ajuda e orientação aos meus professores de Parasitologia Veterinária, Prof. Moacyr Gomes de Freitas e Prof. Hélio Martins Araújo Costa. Foram de uma gentileza total, permitindo que durante o mês de julho, pudesse permanecer no laboratório todas as tardes estudando e examinando lâminas de parasitos humanos. Aliás, devo expressar meus agradecimentos e reverenciar a memória desses dois professores que, a partir dessa data, tornaram-se meus grandes escudeiros, especialmente quando anos mais tarde escrevi um livro sobre parasitologia humana e carecia de apoio de amigos sinceros.

E assim começaram minhas atividades como parasitologista. Foi, e continua sendo, uma experiência de vida fantástica. Me encontrei nessa profissão e nela encontrei meu caminho. Como professor e pesquisador me senti gente, podendo contribuir com o esforço coletivo na construção do mundo. E olhando para trás, encho-me de orgulho ao relembrar as diversas homenagens recebidas dos alunos em suas formaturas: homenagem especial, patrono e paraninfo. Honrarias que me emocionam até hoje.

A partir da criação do Instituto de Ciências Biológicas (ICB), quando passei a ministrar aulas para alunos de diferentes profissões (Ciências Biológicas, Enfermagem e Farmácia), também fui professor homenageado dessas turmas, representando uma distinção que me estimulou a dedicar-me ainda mais ao magistério. Em verdade, a experiência do magistério é muito rica e gratificante, pois, se de um lado, pode-se perceber o crescimento dos alunos; por outro lado, a curiosidade deles nos instiga a estudar mais. Foi nessa troca de saberes que concluí: *professor não ensina, desperta interesse e desenvolve talentos*. O Professor Mário Barbosa já havia me mostrado isso...

Hoje, 58 anos depois de ter decidido sair do Serviço de Controle da Febre Aftosa por desejar trabalhar em um serviço mais criativo, não poderia imaginar o quanto aquela decisão transformaria minha vida. Posso dizer que aquele desejo era uma semente que precisava ser plantada em terreno fértil. E nada mais fértil do que uma universidade do porte da UFMG para adubar as mentes.

11 Conhecendo a Biologia

Nós humanos somos uma espécie gregária, social e interdependente. Não fugimos à regra de todos os demais componentes da magnífica biodiversidade da qual fazemos parte. Em decorrência desse comportamento, nossa sociedade também é interdependente, onde cada pessoa, cada profissão completa o conjunto. E, como não podia fugir a essa regra, tornei-me parasitologista graças ao envolvimento de muitas pessoas. E a possibilidade de aprofundar meus conhecimentos sobre a biologia também dependeu de muita gente. Na verdade, a parasitologia foi minha porta de entrada para o deslumbrante mundo biológico. A cadeira de parasitologia era composta de professores e técnicos, tendo como chefe o Prof. Amílcar. Cada um deles participou ativamente de minha formação, ajudando-me a entender essa ciência complexa, na qual entrecruzam conhecimentos oriundos da geografia, da sociologia, da anatomia, da patologia, da bioquímica, da imunologia, da fisiologia e da ecologia. Um mundo interligado de conhecimentos que me rodeava, que me empolgava e cada conhecimento novo me impulsionava a estudar mais para entender os enigmas da vida.

Assim que fui contratado, a cadeira de parasitologia contava com 6 professores assistentes: Prof. Fausto Gonçalves Araújo, Prof. Leógenes Horácio Pereira, Prof. Hélio Noguera Espínola, Prof. Wilson Mayrink, Prof. Roberto Millward e Prof. Sebastião Mariano. Dentre esses colegas, os 3 primeiros se destacaram ao me mostrar os caminhos da ciência e da pesquisa: o Prof. Fausto, o Prof. Leógenes e o Prof. Hélio Espínola. Dentre os técnicos, 2 foram de grande ajuda para o meu aprendizado: o Sr. João

Evangelista da Silva (que na primeira visita feita à Faculdade me encaminhou até a sala do Prof. Amílcar) me ensinou os segredos da entomologia e o Sr. Airton Lobo me ensinou as técnicas básicas da helmintologia. A cada um, minha gratidão pela amizade, desprendimento e competência.

Ao final do semestre experimental, o Prof. Amílcar propôs a renovação de meu contrato por mais 1 ano, agora em regime de tempo integral. Eu estava gostando muito de meu trabalho, não só pelas aulas teóricas e práticas que ministrava, mas por perceber a satisfação dos alunos na forma como os tratava, sempre atento na aprendizagem e crescimento de cada um. Gostava também de interagir com os colegas e técnicos, cujas conversas e ensinamentos promoviam meu crescimento científico e cultural, que por sua vez transformava minha forma de enxergar o mundo. Assim, a proposta de continuar naquele ambiente de trabalho deixou-me muito feliz e até hoje agradeço com emoção a oportunidade que o Prof. Amílcar me deu. Comuniquei ao Dr. Ary Honório a proposta de continuar na Faculdade, que demonstrou sua grandeza ao facilitar todos os procedimentos para que se realizasse meu desligamento da Secretaria da Agricultura. Sentiria saudades dos colegas e do trabalho com os jovens filiados aos Clubes Agrícolas.

Trabalhar exclusivamente na Faculdade seria uma nova etapa profissional, um novo retalho que seria adicionado ao tecido de minha vida. Essa experiência modificaria totalmente meu modo de pensar e de entender as forças e os interesses que comandam a humanidade. Essas mudanças não ocorreram bruscamente. Foram mudanças ocorridas ao longo de vários anos, decorrentes de leituras, de palestras, de cursos e de muita observação nos trabalhos de laboratório e campo. Ao longo de vários anos realizando pesquisas ou viajando por lazer em ecossistemas e biótopos diversos, fui avaliando as semelhanças e as diferenças de comportamentos dos vegetais e animais por ali existentes. Ou seja, minha reavaliação de mundo e da relação entre os seres vivos se ampliaram a partir do momento que fui trabalhar na Faculdade. E por trabalhar lá passei a frequentar as reuniões da

Sociedade de Biologia de Minas Gerais, as quais deram-me subsídios científicos para pensar diferente. E esse pensar diferente surgiu a partir da leitura do livro *Geografia da fome*. Foi esse livro que mostrou a desigualdade social no mundo e acentuou minha indignação com a pobreza, o desperdício, a ganância, as doenças. Em verdade, fome e doenças parasitárias são causa e consequência da submissão, da dominação, da desigualdade social e das pragas ideológicas e teológicas.

Assim que passei a trabalhar em tempo integral na Faculdade, aconteceram dois fatos interessantes. O primeiro foi ser convidado para ministrar aulas de parasitologia também para alunas da Escola de Enfermagem. O Prof. Wilson Mayrink, que ministrava essas aulas teve que se ausentar por uns meses e indicou-me para substituí-lo. Não receberia nenhum salário extra para mais essa atividade, mas senti-me muito honrado e gratificado em fazer parte dessa famosa Escola durante 3 anos. O segundo fato ocorrido foi a sugestão do Prof. Amílcar que me envolvesse em atividades de pesquisa. Procurando me incentivar nessa nova etapa da vida universitária enfatizou que "um país que tem um corpo expressivo de pesquisadores tem mais possibilidades de crescer e se tornar desenvolvido". E acrescentou que eu poderia desenvolver a pesquisa sozinho ou participar do trabalho junto com algum colega. Como eu já havia demonstrado interesse em ampliar meus estudos sobre triatomíneos (iniciados com Prof. Hélio Espínola), sugeriu-me que eu fizesse um experimento sobre a possibilidade de lacertílios (calangos) servirem como reservatórios do *Trypanosoma cruzi* (agente da doença de Chagas). Ele poderia ser meu orientador. Novamente aceitei de imediato a proposta e segui os passos básicos de uma pesquisa: buscar a bibliografia pertinente, fazer um projeto pormenorizado descrevendo os materiais necessários, os objetivos e a metodologia que deveria ser obedecida. Naquela época, a pesquisa bibliográfica era um processo longo, com várias etapas, podendo demorar 2 a 3 meses para ter as referências bibliográficas em mãos. A primeira etapa era fazer uma busca pormenorizada no Índex Médico (2 ou 3 volumes de mil páginas cada um), selecionando os artigos de interesse. Em seguida devia-se solicitar, via correio, à Biblioteca

Regional de Medicina (Bireme), em São Paulo, as separatas escolhidas (denomina-se "separata" um artigo científico isolado, separado dos demais artigos da revista que os publicou). A terceira etapa era a mais demorada, pois demandava receber pelo correio as separatas solicitadas. Para quem faz pesquisa atualmente, pela *internet*, consegue-se ler os trabalhos desejados imediatamente.

Mas para escrever o projeto não demorei tanto tempo, pois o Prof. Amílcar já possuía algumas separatas e na ampla Biblioteca da Faculdade encontrei as demais revistas necessárias. Em decorrência dessas facilidades, em 2 semanas consegui finalizar o projeto e apresentá-lo ao Professor. Fez inúmeras correções e sugestões e começamos a preparar um local no biotério onde pudesse criar e manusear as espécies de lacertílios escolhidos. Por sorte nossa, o Prof. Paulo Vanzolini, considerado o maior especialista em lacertílios do Brasil, iria até a Faculdade visitar o Prof. Amílcar, seu amigo de longa data. Durante sua visita, o Prof. Vanzolini poderia passar-me muitas informações. E, assim, em uma tarde, aprendi com esse famoso pesquisador como lidar e identificar diversas espécies de lacertílios. Ao fim desse rápido estágio, encantei-me com sua simplicidade e competência, e também com os belíssimos e famosos sambas que compôs.

Cerca de quase 1 ano depois a parte experimental estava concluída, com a redação pronta para ser publicada em uma revista científica. Para realizar essa façanha tive a ajuda inestimável de mais 2 pessoas, tanto nos trabalhos de campo como nos de laboratório: o Sr. João Evangelista da Silva e a estagiária Ângela Castro, estudante de medicina.

É interessante a frequência como algo inesperado e até desconhecido, de repente, passa a fazer parte de nossa vida. Desde 1939 havia uma organização científica de grande prestígio, a Sociedade de Biologia de Minas Gerais, que agregava a fina flor da ciência biológica mineira. Botânicos, zoólogos, naturalistas, farmacêuticos, médicos e veterinários faziam parte dessa sociedade, mas só tomei conhecimento de sua existência quando me tornei professor na Faculdade. Naquele biênio, o Presidente era o Prof. Amílcar e o Secretário o Prof. Leógenes Horácio. As reuniões ocorriam na última quinta-feira de cada mês, às 19 horas, em uma sala especial no terceiro andar da Faculdade de Medicina. Em cada reunião 2 pesquisadores faziam suas apresentações, cujos temas variavam desde a discussão sobre uma pesquisa concluída ou a análise de algum trabalho publicado em revista especializada. Na noite de 4/10/1968 foram apresentados 2 trabalhos. No primeiro, o Prof. Fausto Araújo relatou o resultado de suas pesquisas sobre o *Toxoplasma gondii*, um importante protozoário que desafiava a argúcia de pesquisadores do mundo todo para identificar seu ciclo biológico e sua posição taxonômica. O segundo trabalho foi sobre a pesquisa que eu havia realizado, concluindo que lacertílios não são reservatórios do *T. cruzi*. Foi uma emoção enorme, pois pela primeira vez apresentei um trabalho científico desenvolvido por mim diante de uma plateia tão especial. E para minha alegria e orgulho, meu pai estava presente.

Desde longa data que os grandes filósofos gregos discutiam na academia a possibilidade do conhecimento promover grandes mudanças individuais e coletivas para o bem-estar da humanidade. É também desde essa época remota, que se estende até nossos dias, que a filosofia se preocupa em entender e explicar a variabilidade do comportamento humano. São preocupações legítimas, cujas conclusões, porém, nem sempre conseguem explicar satisfatoriamente as razões pelas quais o comportamento humano é tão repetitivo e, dependendo das circunstâncias, ora é solidário ora é perverso. Passados tantos milênios, podemos olhar para trás e nos perguntar: temos conseguido explicar satisfatoriamente a causa ou as causas dessa dualidade comportamental? Essa dualidade comportamental nos levará para onde? Estamos condenados a viver sempre entre bonanças e tempestades? Nossos valores, tão penosamente identificados, serão alcançados e prevalecerão?

A partir do momento que me tornei professor dessa grande academia denominada UFMG, passei a frequentar as reuniões da Sociedade de Biologia de Minas Gerais. E essas perguntas passaram a atormentar minha mente. E, assim, tentando encontrar uma resposta por caminhos diferentes da filosofia, a busca dos conhecimentos biológicos passaram a tomar conta de meu interesse científico. Porém, muito além do conhecimento científico, o interesse pela biologia levou-me a estudar a semelhança do comportamento de bichos e plantas com a do *Homo sapiens* e a organização de nossas sociedades. É interessante que ao acompanharmos a história civilizatória de nossa espécie, percebe-se com muita clareza que quanto mais tecnológica é a sociedade, mais as pessoas se afastam da natureza, sentindo-se poderosas, livres de bichos e plantas. Porém, periodicamente o DNA, esse espetacular conjunto bioquímico, libera nas pessoas confinadas em megalópoles comportamentos atávicos, despertando vontades de retorno à natureza, nem que seja visitar parques, praias, *campings* ou zoológicos. A força de nossas origens se mantém viva e me parece um sintoma alvissareiro.

Minhas observações biológicas foram realizadas ao longo de vários anos, aprofundando à medida que fui adquirindo novos conhecimentos. Ou seja, a cada nova observação, novo retalho ia sendo costurado ao tecido da minha vida. E, assim, nos capítulos seguintes tentarei mostrar essa trajetória e as observações que promoveram as mudanças ideológicas e teológicas que ocorreram comigo.

12 Mudanças na Universidade

É muito interessante como a vida caminha. As coincidências e circunstâncias dos fatos determinam diferentes resultados e direções que interferem tanto nas grandes transformações, como nas pequenas alterações de rota do cotidiano. Após a conclusão de meu primeiro trabalho científico, dediquei-me aos 3 pilares da vida universitária: pesquisa, extensão e ensino. Trabalhava com dedicação em cada atividade, concentrado em desempenhar bem aquela tarefa, porém o ensino, isto é, a lida com o aluno em sala de aula, quer seja teórica ou prática, e a preparação pedagógica do curso me empolgavam mais. As atividades administrativas (coordenação de disciplinas e de cursos) também me agradavam muito, pois demandava criatividade para continuamente oferecer aulas melhores e mais cativantes. Acredito que nessa avaliação de minha vida profissional, o mais importante é destacar que eu não era um "dador de aulas" como alguns professores/pesquisadores denominavam quem gostava e sabia ministrar aulas. Aliás, pergunto-me: o que pessoas com mentalidades tão ridículas assim sobre a arte de ensinar estavam fazendo em uma universidade? Talvez não soubessem ministrar aula, e para esconder sua incompetência menosprezassem quem fosse um bom professor. Parece-me que essas pessoas deveriam trabalhar em algum laboratório isolado, sem se envolver na formação de gente. É preciso destacar que o meu propósito não era apenas "ensinar" parasitologia para que o aluno cumprisse suas obrigações acadêmicas. Desejava ir além: formar um profissional engajado na transformação da sociedade, despertar nos alunos a paixão pelo conhecimento, fomentar o desejo de aprender sempre e usar o conhecimento para ser um grande profissional e construir um mundo melhor. E com orgulho confesso que eu fui esse professor que sabia dar aulas.

As atividades de extensão reforçavam a associação entre a teoria e a prática, permitindo ao aluno conhecer uma realidade diferente, um mundo novo e pouco conhecido ao frequentar favelas ou alagadiços na periferia da cidade. Essas experiências completavam a ideia que comentava em sala: doenças parasitárias não dependem do clima, mas das condições sociais e sanitárias vigentes. Ou seja, ao mostrar a ciência e a realidade, o aluno poderia ter uma visão de conjunto da sociedade e sentir-se estimulado a participar da construção de uma sociedade mais equilibrada. Sairia da alienação burguesa e se tornaria um cidadão engajado no crescimento da comunidade. Deixaria de ser uma pessoa comum, submissa e passaria a ser um cidadão esclarecido e cônscio de seu valor para o bem coletivo.

Em verdade, ainda como estudante de veterinária, entendi o papel fundamental do professor para formar o aluno e o papel do veterinário para promover o crescimento da agropecuária brasileira e da qualidade de vida do camponês. Sim, a educação desde o primário até o mais elevado grau de ensino é uma forma de transformação da sociedade. Mas, como em todas as atividades humanas, essa transformação não pode sofrer influências econômicas, políticas ou religiosas. Deixa de ser transformadora positiva e se torna instrumento sectário de dominação. Além disso, o professor transformador de uma sociedade precisa se preparar para ir muito além de sua especialidade. Necessita de uma formação ampla, adquirida em cursos de atualização ou em viagens, se possível, pelos mais diversos rincões silvestres, rurais ou urbanos desse país.

Já as atividades de pesquisa, desde as mais simples até as mais complexas realizadas em laboratórios especializados completam a formação do professor. Desperta a curiosidade profissional e aguça a criatividade dos alunos. Foi o somatório de todas essas atividades que me forneceram suporte científico para escrever 5 livros de parasitologia e publicar mais de 60 trabalhos científicos em revistas conceituadas. Interessante que como pesquisador nunca pesquisei sobre um tema só. Não desejava ser um especialista de detalhes. Assim publiquei trabalhos sobre protozoários, helmintos e insetos de importância médica, sempre comprometido com a solução de algum aspecto da saúde pública. Em verdade, minha paixão são os insetos, sobre os quais até hoje, mesmo aposentado, gosto de estudar. Minha tese de Mestrado, defendida em 1972, foi sobre Culicidae (mosquitos) e minha tese de Doutorado, defendida em 1979, foi sobre Triatominae (barbeiros), ambas inovadoras. E como não podia ser diferente, desenvolvi diversos trabalhos de pesquisa objetivando conhecer o comportamento dos insetos através do uso de feromônios (semioquímicos) que de forma análoga são importantes no comportamento humano.

Quando em 1966 tornei-me professor na UFMG, já se falava em uma reforma universitária, pois vários professores oriundos de diferentes unidades, especialmente os que faziam parte da Sociedade de Biologia de Minas Gerais, promoviam reuniões frequentes para discutir as mudanças necessárias e desejáveis para ampliar e diversificar o ensino, a pesquisa e a extensão na UFMG, ou, quem sabe, em todo o país? Pessoas especiais sonham alto.

Pois bem, em 1968 a ditadura militar impôs a reforma universitária para controlar o movimento estudantil por meio das divisões dos cursos em disciplinas básicas e profissionais e a consequente separação dos alunos. Como os militares não tinham uma proposta de reforma pronta, "fizeram a gentileza" de adotar as sugestões anteriormente desenvolvidas pelos professores e pesquisadores, criando-se os denominados Institutos Básicos: Instituto de Ciências Biológicas (ICB), Instituto de Ciências Exatas (ICEX), Instituto de Geociências. A primeira reunião da Congregação do ICB ocorreu no dia 11/11/1968, data oficial de sua instalação e organização. Os primeiros meses foram muito difíceis para organizar os Institutos Básicos, em especial o ICB, por não possuir um espaço físico adequado para acomodar professores, funcionários e alunos de diferentes faculdades. O espaço disponível eram os 10 andares do prédio da Faculdade de Medicina. Demandou muita dedicação, criatividade e boa vontade de todos. Fui designado para exercer a função de Coordenador do Quarto Período (cerca de 3 mil alunos e quase 100 professores) e tenho grande orgulho de dizer que foi uma época que trabalhei muito e, juntamente com diversos outros colegas, pude contribuir para o sucesso dessa etapa crucial da Reforma Universitária.

As modificações foram muitas, começando pela dinâmica das atividades didáticas. Ao concluir as disciplinas nos Institutos Básicos (as disciplinas eram semestrais), os alunos completariam o curso de graduação em suas respectivas faculdades, onde obteriam o diploma profissional. As cátedras foram extintas, sendo substituídas pelos "departamentos", os quais reuniam os professores de determinada especialidade pertencentes às escolas profissionais. Assim, o Departamento de Parasitologia passou a contar com os professores de parasitologia oriundos da Faculdade de Farmácia (6), da Medicina (8) e da Veterinária (3). Ao lado dessa modificação administrativa, foram instituídos sistemas diferentes de trabalho para os professores: tempo parcial (20 horas semanais), tempo integral (40 horas semanais, podendo ter outra atividade fora do expediente) e tempo integral com dedicação exclusiva (40 horas semanais, sem exercer outra atividade profissional). Essa foi uma grande modificação na estrutura profissional, pois regulamentou a participação dos professores nas atividades principais da instituição: ensino, pesquisa e extensão. O salário se tornou condizente com as atividades desenvolvidas, havendo um controle rigoroso do desempenho e presença dos docentes. Nos Institutos Básicos, a grande maioria dos docentes optou por trabalhar em tempo integral com dedicação exclusiva. Já nas faculdades, a maioria dos docentes optou por trabalhar em tempo simples, pois nos horários livres poderia manter suas atividades particulares em consultórios, escritórios ou empresas. Essas mudanças, conforme sugestões antigas dos professores, foram fundamentais para a transformação de uma escola repetidora de conhecimentos em uma universidade geradora de conhecimentos. Foi através dela que se tornou possível incentivar as pesquisas nos mais diferentes setores do saber humano, assim como desenvolver novos modelos de ensino. A partir dessas novas estruturas foi possível implementar programas (cursos) de pós-graduação (Mestrado e Doutorado) de alto nível, que em poucos anos se tornaram reconhecidos no mundo todo.

As atividades de ensino no ICB eram bem diferentes do tempo que ministrava aulas só para alunos dos cursos de Medicina ou Enfermagem. No ICB passamos a ter alunos de Ciências Biológicas, Enfermagem, Farmácia, Medicina e Veterinária e eu gostava de ministrar aulas para essas diferentes profissões, pois era uma forma de associar minhas aulas dentro da perspectiva dos futuros profissionais. E, assim, a cada ano ministrava aula para uma turma diferente. A experiência foi muito rica para mim e acredito que os alunos também gostaram, pois também fui homenageado ou paraninfo de diversas turmas de formandos das diferentes profissões. Um orgulho e uma satisfação enormes que me acompanham até hoje, especialmente quando sou convidado para participar de festas comemorativas de formaturas passadas. As turmas de Enfermagem de 1970 e a de Medicina de 1971, nas quais fui homenageado, não puderam comemorar o Jubileu de Ouro em decorrência da pandemia de Covid-19. Mas a turma de Medicina de 1973, da qual recebi a distinção de "Homenagem Especial" pôde comemorar o Jubileu de Ouro no dia 17/11/2023. Começou com uma bela e emocionante reunião com os alunos e seus familiares (esposas, esposos, filhos, filhas e netos) no Salão Nobre da Faculdade, seguida de um agradável almoço em um restaurante que durou a tarde inteira. Rever alunos e alunas 50 anos depois foi emocionante, especialmente ao participar da distribuição dos novos Diplomas, juntamente com mais 2 colegas homenageados: o Prof. Frederico Ozanam de Fuccio (pneumologia) e o Prof. Luiz Savassi Rocha (anatomia patológica). Essas lembranças representam uma glória profissional, razão pela qual desejo apresentar a cada ex-aluno meus agradecimentos, pois foram eles que me estimularam a dedicar-me ao magistério e me ensinaram a arte de ser professor. Muito obrigado!

Mas como as universidades e os centros de pesquisas são instituições que produzem "conhecimento", essa palavra, para os que possuem as mentes manipuladas pela Doutrina Monroe, é associada ao "perigoso comunismo". E, assim, em março de 1969, com a edição do famigerado AI5, dezenas de professores e cientistas foram compulsoriamente aposentados e impedidos de trabalhar no país. Como a maioria desses cientistas eram conhecidos internacionalmente, passaram a receber convites de diferentes organizações. O Prof. Amílcar, nessa situação, foi convidado para trabalhar na OMS, na Suíça, e depois passou a trabalhar na Venezuela, mais próximo do Brasil.

Outra consequência dessas aposentadorias compulsórias foi o esvaziamento de diversas universidades das principais cabeças pensantes do país. A própria Sociedade de Biologia de Minas Gerais sofreu este impacto negativo, permanecendo muda durante algum tempo, demorando a se recuperar. Mas as sementes do conhecimento das delícias biológicas já haviam germinado em mim, permitindo ou estimulando a continuidade dos estudos e observações ao longo de minha vida profissional.

Apesar de ter tido uma participação pequena na Sociedade de Biologia, a grandeza de seus membros e a convivência com as ideias que circulavam nas reuniões tiveram uma importância enorme na minha formação. E foi em razão disso que imaginei, um dia, escrever um livro de parasitologia.

13 O Livro Parasitologia Humana

A primeira vez que pensei em escrever um livro de parasitologia ocorreu em 1970, quando dava aula para uma turma muito grande de medicina, formada pelos chamados "excedentes". Estávamos em plena ditadura militar e havia um grande número de estudantes aprovados no vestibular, porém sem condições de se matricular por falta de vagas. Por decreto, as universidades foram obrigadas a receber esses alunos. Nessa época, apenas conjecturei sobre a necessidade de um livro mais adequado para turmas grandes. Cerca de 2 anos depois, quando já havia defendido a Tese de Mestrado (1972), voltei a pensar em escrever um livro de parasitologia. O livro que adotávamos na época era o excelente *Parasitologia médica*, do conceituado Prof. Samuel Pessoa, da USP. Livro rico em informações, porém de leitura difícil para um aluno de graduação. Fiz um esboço, um esqueleto de um novo livro, no qual o texto deveria ser objetivo, claro, com muita informação científica e de leitura fácil para alunos de graduação. Mas durante 1 ano o livro ficou só no esqueleto, aguardando na gaveta o momento oportuno para dar continuidade ao projeto. Estava já no curso de Doutorado, concluindo a disciplina Epidemiologia, ministrada pelo famoso Prof. Frederico Simões Barbosa, quando ao final de sua última aula comentou: "O livro do Prof. Pessoa é excelente, mas é preciso que algum parasitologista escreva um livro mais objetivo e de leitura fácil para o aluno". Ou seja, repetiu a mesma ideia que havia colocado no esqueleto do livro que eu pretendia escrever. Diante dessas coincidências e circunstâncias o que ocorreu? Imediatamente corri para minha sala e comecei a colocar no papel o que havia planejado! Foi 1 ano de trabalho diário, escrevendo a lápis o que viria a se chamar *Parasitologia humana*. A primeira edição foi lançada em fevereiro de 1974. Com 272 páginas e a capa exibindo a figura do jeca, com a famosa frase de Monteiro Lobato, "O jeca não é assim: está assim", aprendida quando trabalhava nos Clubes Agrícolas.

O Sr. José de Paula, gerente da Cooperativa Editora e de Cultura Médica Ltda., foi de inestimável ajuda para essa publicação pioneira. Com sua larga experiência de livreiro, orientou-me em cada detalhe dessa complexa atividade de se escrever e publicar um livro, quer seja científico, quer seja romance. Esta edição esgotou em poucos meses e no ano seguinte lancei a segunda edição, corrigindo erros de datilografia e ampliando alguns capítulos conforme sugestão de vários colegas.

Após a publicação da primeira edição, aconteceu um fato inesperado: a tentativa de alguns professores do Departamento de Parasitologia, ao qual eu pertencia, de proibir-me de escrever o livro. Reação ridícula, mesquinha e preconceituosa. Mas essas pessoas não conheciam minha determinação e quanto mais desmereciam meu trabalho e me difamavam, mais eu melhorava o livro e mais crescia sua adoção pelas universidades do país. E minha determinação teve suportes de pessoas de alto nível, confirmando a interdependência das pessoas. Entre os diversos colegas que me apoiaram, desejo destacar o Prof. Moacyr Freitas e o Prof. Hélio Martins, os quais disseram em minha defesa em uma das reuniões do Departamento, na qual discutiam sobre o livro que eu havia escrito: "Se o livro não for bom ele morrerá, caso contrário crescerá. Não podemos impedi-lo de escrever." E eu completei diante dos opositores: "Há necessidade de um livro objetivo e didático; se vocês não aceitam o que escrevi, façam um melhor e ficarei feliz de ver os estudantes terem um bom livro para estudar". Acontece que tentaram escrever algo, mas não conseguiram ir além de um incompleto roteiro de aulas práticas. Em verdade, o ambiente do Departamento estava desagradável e até pensei em mudar de universidade, mas novamente um colega ajudou-me a seguir em frente, ao qual desejo expressar meus agradecimentos. Refiro-me ao Professor Jenner

Procópio de Alvarenga, do Departamento de Zoologia. Foi meu mestre e minha inspiração na grandiosa função de professor. Em verdade, o Professor Jenner Alvarenga dignificou a espécie humana pelo tanto que fez pelo crescimento de nosso povo, ao criar em 1965 o Centro de Ensino de Ciências de Minas Gerais (CECIMIG), atualmente incorporado à Faculdade de Educação e dedicado ao aperfeiçoamento e formação de docentes do ensino fundamental, colegas do mais alto valor para o crescimento da educação de nosso povo.

Outro apoio que muito me envaideceu partiu do próprio Prof. Samuel Pessoa, autor do consagrado livro *Parasitologia médica*, pois ao conhecer o meu livro escreveu-me um cartão incentivando-me a continuá-lo. E assim fiz e, posso dizer com muito orgulho, que nos últimos 40 anos a parasitologia brasileira passa pelas minhas mãos, estimulando a formação de grandes professores e pesquisadores dessa instigante ciência. A divulgação pelo país inteiro só foi possível graças ao somatório do meu desejo e da Editora Atheneu: produzir um livro de parasitologia completo, com a participação dos mais renomados especialistas do país. E ao visitar as universidades brasileiras em diferentes momentos, ouço de professores e alunos frases mostrando o quanto o livro tem sido importante e confiável para seus estudos e suas aulas.

Em decorrência dos novos conhecimentos produzidos pela ciência brasileira e mundial, percebi que seria importante atualizar o texto com frequência. Assim, decidi preparar uma nova edição a cada 4 anos. Fazia essas atualizações com muito cuidado e dedicação, demandando 1 ano de trabalho e sempre obedecendo aos objetivos iniciais: produzir um livro com elevado conteúdo científico, objetivo e de fácil leitura para os alunos. Até a sexta edição eu era o único autor, mas a partir da sétima edição pude contar com a participação de vários colegas que seriam os autores dos capítulos de suas respectivas especialidades. Na oitava edição, quando assumi o cargo de Diretor do Jardim Zoológico de Belo Horizonte, em decorrência da exiguidade de tempo para dedicar-me à revisão do livro, decidi convidar 3 colegas para se tornarem "coordenadores" das 3 especialidades do livro. O Prof. Odair Genaro aceitou ser o coordenador da protozoologia, o Prof. Alan Lane de Melo, da helmintologia e o Prof. Pedro Marcos Linardi, da entomologia, que tiveram a liberdade de convidar novos coautores. Foi uma experiência muito rica, pois pudemos contar com a colaboração de renomados especialistas, valorizando o livro. Mas para padronizar a linguagem e evitar repetições, além de escrever diversos capítulos, eu fazia a leitura final de todo o livro.

Para nossa tristeza, pouco antes de darmos início à 11ª edição, o Prof. Genaro faleceu. Quem poderia substituí-lo? Para nossa alegria o Prof. Ricardo Almeida Vitor aceitou o convite, recompondo a equipe, permitindo a continuidade do livro. Aos 3 valorosos coordenadores, juntamente com cada competente coautor, desejo expressar minha gratidão. O livro se tornou coletivo e passou a ser a referência em parasitologia no Brasil.

Ao lançar a 14ª edição em julho de 2022, tomei a resolução de não mais me envolver com o *Parasitologia humana*. Já com 84 anos de idade não me sentia capaz de acompanhar a rápida evolução da ciência e preparar outra edição. Teria dois caminhos: encerrar o livro ou entregá-lo para outros colegas. E, assim, seguindo a orientação da Editora Atheneu, os trabalhos para a continuidade do livro a partir de 2023 foram entregues a 4 colegas da UFMG. A escolha não foi fácil diante de tanta competência e dedicação dos professores do nosso Departamento, até que decidimos pelos seguintes colegas: Érika Braga, Hélida Andrade, Hudson Alves Pinto e Ricardo Araújo, aos quais desejo expressar minha gratidão pela disponibilidade e os cumprimentar pela coragem de assumir tamanha responsabilidade.

Em fevereiro de 2024, de forma bem discreta, tive o prazer de comemorar o cinquentenário de lançamento da primeira edição do glorioso “jequinha”, apelido carinhoso que os alunos deram ao livro!

Mas minha decisão de escrever o *Parasitologia humana* em 1974 estava correta e muito me orgulho disso. Foi muito difícil no início transpor as barreiras de repulsão ao livro e à minha pessoa, mas, por outro lado, já há alguns anos, o carinho com que sou recebido nas universidades brasileiras e congressos de Parasitologia compensam as retaliações iniciais. Ou seja, as retaliações iniciais se tornaram insignificantes diante de minha carinhosa acolhida pelos parasitologistas brasileiros. Assim, pelo apoio constante e convites para participar de nossos congressos de Parasitologia, desejo expressar meus agradecimentos ao Prof. Ricardo Toshio Fujiwara, da UFMG, que em outubro de 2023 foi eleito Presidente da Sociedade Brasileira de Parasitologia e ao Prof. Alejandro Luquetti, da UFGO, Editor Emérito da conceituada Revista de Patologia Tropical. Além desses brilhantes colegas, desejo expressar minha gratidão às centenas de jovens pesquisadores e professores que me acolhem com suas palavras de incentivo e apoio em cada congresso ou reunião científica sobre parasitologia.

O *Parasitologia humana* despertou-me a vontade ou necessidade de escrever outros livros. O escrever passou a ser uma nova atividade prazerosa para mim. E assim, escrevi mais 5 livros de parasitologia (*Biotécnica, Entomologia médica, Parasitologia dinâmica, Parasitologia básica* e *Atlas didático de parasitologia*) e mais 14 livros, entre romances e livros infantis. Foi e continua sendo uma experiência muito rica, pois para se escrever é preciso ler muito e a leitura nos leva a aprendizagens, viagens planetárias e conhecer o mundo. Além disso, o ato de escrever demanda um exercício mental que força os neurônios a funcionarem como se estivessem em uma academia de malhação neuronial intensa. E espero contar com a competência da Editora Atheneu para publicar esse novo trabalho de divulgação científica e preservação ambiental.

Outra fonte importante que estimula e permite ao escritor cumprir sua vontade de colocar sua experiência de vida no papel são as viagens. Podem ser viagens curtas ou longas, no país ou no exterior, mas todas elas nos permitem entender que "a vida, essa imensidão da qual somos parte" não pode ser desperdiçada com ilusões de uma vida futura, em um paraíso hipotético. Não, meu caro leitor, a biologia e a escrita nos mostram que *a vida* é aqui e agora, precisando ser usufruída e preservada com justiça e solidariedade.

E, assim, no próximo capítulo pretendo esclarecer as causas e consequências de minha determinação em aposentar-me. Parei de trabalhar? Não. Encontrei aventuras rejuvenescedoras...

NOTA: Este capítulo já estava concluído quando recebi um *e-mail* do Prof. Ricardo Araújo, convidando-me para participar do lançamento da 14ª edição do *Parasitologia humana* no dia 3/10/2023, no ICB/UFMG. Haveria a abertura da Semana Científica do ICB pela manhã e, às 14 horas, na Sala de Seminários da Pós-graduação em Parasitologia, haveria uma reunião durante a qual ele gostaria que eu falasse sobre a história do livro. Aceitei o honroso convite, sem imaginar que teria grandes e emocionantes surpresas. Pela manhã, as atividades correram conforme ele havia me dito, com autógrafos e fotos. Mas ao chegar às 14 horas, na Sala de Seminários, vi que estava repleta de colegas e alunos de mestrado e doutorado. Sem que soubesse, prepararam-me uma surpresa: a reunião seria em homenagem ao meu trabalho, comemorando os 50 anos do livro. Depois de pronunciamentos de diversos colegas: Erika Braga, Hélida Andrade, Walter Lima, Cidinha Gomes, Pedro Linardi e Lúcia Galvão, foi-me oferecida a seguinte placa: "Homenagem dos colegas do Departamento de Parasitologia e do Programa de Pós-Graduação em Parasitologia ao querido professor David Pereira Neves. Receba nosso reconhecimento por todos esses anos dedicados ao ensino da parasitologia e à formação de novos parasitologistas. Aproveitamos para agradecer o convívio agradável e a conduta ética que sempre norteou sua atuação. Que as novas gerações tenham inspiração em seu talento, caráter e profissionalismo." Belo Horizonte, 3 de outubro de 2023. A emoção foi imensa, assim como minha gratidão pelo reconhecimento à minha dedicação à mais antiga profissão: o Professor (pois não são as mães e pais de todos os bichos que ensinam aos filhos os cuidados para viver?).

14 Surpresa Rejuvenescedora

Iniciava o ano de 1993 e estava bem frustrado com minhas atividades no Departamento de Parasitologia. Minha esposa, Anamaria, já era professora do consagrado Centro de Conservação e Restauração de Bens Culturais Móveis (CECOR), pertencente à Escola de Belas Artes da UFMG. Meus dois filhos mais velhos (Augusto e Bernardo) já haviam se formado na universidade e cada um seguia sua profissão (Agronomia e Física) e os dois mais novos (Otávio e Daniel) estavam quase concluindo seus cursos universitários (Educação Física e Veterinária). E eu já havia completado o tempo necessário para me aposentar. Mas o que fazer após obter a aposentadoria? Não tinha a menor ideia, mas me angustiava continuar trabalhando como se fosse um técnico de laboratório. Tenho grande admiração pelos técnicos de laboratório e sem sua ajuda jamais poderia realizar as dezenas de pesquisas que desenvolvi, mas como professor em sala de aula poderia produzir muito mais. Desde criança sempre fui ativo e criativo e a forma como a disciplina passou a ser ministrada, não me atendia. Sentia-me prisioneiro de um programa limitado. Tinha consciência que minhas aulas eram diferenciadas pois, conforme já disse, fui paraninfo ou professor homenageado de inúmeras turmas de formandos em Ciências Biológicas, Enfermagem, Farmácia e Medicina. Em verdade, eu era o único professor do Departamento repetidamente homenageado, mesmo antes de ter escrito livros de parasitologia. E por que as atividades de graduação deixaram de me satisfazer?

Assim que o ICB foi criado em 1968, passei a ser o coordenador da graduação, que envolvia alunos de ciências biológicas, enfermagem, farmácia, medicina e veterinária. Oriundo que era do curso de parasitologia médica, ministrado segundo orientação do Prof. Amílcar, achei por bem seguir em parte esse modelo básico no qual os professores ministravam a matéria toda, incluindo aulas teóricas e práticas. Fiz algumas alterações como supressão dos grupos de discussão, além de ajustar o programa de acordo com o curso profissional do aluno: ciências biológicas, enfermagem e farmácia seguiriam a "parasitologia humana", medicina seguiria a "parasitologia médica" e veterinária a "parasitologia veterinária", onde cada programa tinha uma carga horária diferenciada. As turmas eram divididas em grupos de 20 alunos de modo que cada professor seguia a mesma turma do princípio ao fim do curso. A continuidade da relação professor/aluno era fundamental para acompanhar o desempenho de cada aluno. Além disso, assim como o aluno devia aprender a "parasitologia toda"; no meu entender, o professor também. Esse modelo funcionou muito bem durante vários anos, fazendo-se ajustes e aperfeiçoamentos ao longo do tempo, mas sempre obedecendo à necessidade de o professor ministrar todo o conteúdo da disciplina e acompanhar a mesma turma ao longo do semestre.

Por volta de 1991 esse modelo foi alterado de forma que cada professor só daria aula teórica de acordo com sua especialidade, ou seja, o tema que ministrava na pós-graduação seria o mesmo para a graduação. Mas para isso havia necessidade de reunir todos os alunos em um anfiteatro e os demais professores dariam as aulas práticas relativas aos temas teóricos. Como na pós-graduação eu ministrava três aulas teóricas, meu contato com os alunos da graduação passou a ser reduzidíssimo. Isso me incomodava, pois tinha um mundo de experiências parasitológicas e culturais para comentar com os alunos ao longo do semestre. Meu papel de professor interessado em abrir as mentes ficou reduzido a identificar detalhes no microscópio. Era muito pouco para quem sabia a parasitologia toda. Achei que estava na hora de me aposentar.

Essa mudança na forma de cuidar da graduação foi o motivo final que me levou a solicitar a aposentadoria, porém a primeira frustração ocorreu um pouco antes. Houve um concurso para professor titular no Departamento de Parasitologia e não fui aprovado. Imaginava que a banca seria imparcial. Não percebi que dos 5 examinadores, 4 eram amigos dos que tentaram impedir-me de escrever o livro de parasitologia. Esse foi o crime que cometi de ter escrito um livro adotado em todas as universidades brasileiras. Resultado, em maio de 1993 aposentei-me como Professor Adjunto. Assim, não me aposentei com uma titulação condizente ao meu desempenho como parasitologista reconhecido no país, mas os examinadores e seus amigos me julgaram como competidor de suas curtas competências. Não me recordo dos nomes dos componentes da banca, o que é uma pena, pois como escritor poderia até ajudá-los na divulgação de seus nomes e de seus trabalhos de pesquisa em meus livros. Poderia sim, mas me esqueci...

Quando em 1965 pedi demissão de meu trabalho no Programa de Controle da Febre Aftosa, fiz por me sentir preso a um laboratório fechado, sem perspectivas de dar asas à minha criatividade. Em decorrência dessa decisão fui ser professor de parasitologia. E agora, ao me sentir tolhido em minhas habilidades de magistério, decidi aposentar-me na UFMG, decisão que me abriu um novo e deslumbrante caminho.

No final do mês de março, quando a publicação da aposentadoria ainda não havia saído, recebi um telefonema inusitado do Prof. Ângelo Machado. Com sua inconfundível voz, disse-me: "David, hoje pela manhã houve uma reunião dos ambientalistas de Belo Horizonte e gostaríamos de convidá-lo para ser o novo Diretor do Jardim Zoológico. O Dr. Hugo Werneck será o Presidente da Fundação Zoobotânica e deseja conversar com você."

— Prezado Ângelo, puxa vida, esse é um convite totalmente inesperado. Me dê um tempinho para pensar e te ligo dentro de alguns minutos!

Na mesma hora conversei com minha esposa sobre o tamanho da responsabilidade do diretor de um zoológico e por qual razão haviam me convidado. O Ângelo sabia de meu interesse na preservação ambiental, mas meu envolvimento com o nosso Zoológico era muito pequeno e também não conhecia pessoalmente o Dr. Hugo. Já havia assistido palestras dele e o admirava como ambientalista ativo, mas precisava conversar, conhecer melhor seus objetivos e propostas de trabalho na Fundação Zoobotânica.

De imediato vieram à minha mente duas frases famosas: "Se você não sabe para onde ir, qualquer caminho serve". Encaixava com perfeição à minha situação: iria me aposentar em breve e não tinha nenhuma proposta de trabalho e, para dizer a verdade, naquele momento só pensava em me ver livre daquele aprisionamento junto ao microscópio das aulas práticas. Talvez, pensei, poderia ser contratado como professor em alguma universidade particular. Mas diretor de jardim zoológico? Nunca havia pensado nessa possibilidade. Indeciso sobre o convite do Ângelo, ao repetir mentalmente a segunda frase, descortinei um horizonte amplo diante de mim. Como sempre gostei de enfrentar desafios e aquele era dos grandes. E qual foi a frase decisiva? Como a anterior, cujo autor desconheço, era perfeita para dar continuidade à minha constante curiosidade: "O caminho se faz ao caminhar." Além do mais, trabalhar com o respeitado Dr. Hugo Werneck seria uma grande honra e uma rara oportunidade de aprendizagem. Passados tantos anos posso agora dizer que foi uma das grandes realizações de minha vida, pois fui trabalhar com uma equipe valorosa, competente e dedicada. Éramos 130 pessoas com um objetivo único: criar nossos bichos com carinho, respeitando a biologia e o comportamento de cada um.

Eufórico liguei para o Ângelo Machado e lhe respondi: aceito o desafio e pode marcar a reunião com o Dr. Hugo. E, assim, no dia 5 de maio de 1993 assumi o cargo de Diretor do Jardim Zoológico da Fundação Zoobotânica, constituída pela Diretoria Administrativa, pelo Setor de Educação Ambiental e pelo Jardim Botânico.

A grandeza de objetivos e respeito à vida eram a marca do Dr. Hugo Werneck, e juntamente a ele eu estava aprendendo a dirigir uma grande instituição. Aprendi como lidar com cada funcionário, com cada técnico e com os milhares de visitantes que recebíamos semanalmente. O número de estagiários responsáveis pela orientação de escolares era insuficiente para atender a intensa demanda. Juntamente com a bióloga, Dra. Angela Lutterbach, chefe do setor de Educação Ambiental, tivemos a ideia de organizar cursos contínuos para as professoras, que passaram a conhecer o significado de "educação ambiental" e dentro da sala de aula preparar os alunos antes da visita. Dessa forma, as estagiárias poderiam exercer outras atividades, inclusive lecionando no curso de Educação Ambiental para as professoras. Além disso, deparamos com a necessidade urgente de melhorar e ampliar os recintos, suprimir jaulas para oferecer recintos novos, com ambientação adequada para cada espécie, equipar o hospital veterinário para realizar intervenções de grande porte, ampliar e modernizar o chamado "setor extra" onde funcionava o preparo dos alimentos, a reprodução de aves e o berçário para diversos filhotes. Outra mudança importante foi melhorar ou possibilitar a locomoção de cadeirantes. Atividades que demandavam muita criatividade e totalmente diferentes das que realizava na universidade. Com o prestígio e o carisma do Dr. Hugo e a habilidade do Dr. Dimas Barreira Furtado, Diretor Administrativo, foram-se abrindo as portas necessárias para cumprir cada objetivo proposto.

O Jardim Botânico executa um trabalho eficiente e merece ser mais divulgado e mais conhecido pela população. O cuidado e o carinho dedicados aos vegetais lá mantidos permitiram uma interação amistosa entre os dois mananciais de vida. Pude também aprender muito com sua competente equipe: Marina, Maria Inês, Guadalupe, Márcia, Fernando, Sérgio, sempre prontos a nos indicar e fornecer mudas para a melhor ambientação dos animais.

É muito importante dizer que todos os aprimoramentos programados e realizados no Zoológico foram feitos com a participação ativa e espontânea dos técnicos e tratadores, os maiores conhecedores das necessidades e "manias" dos bichos. Eram muitas pessoas envolvidas, mas gostaria de citar alguns com os quais mantenho amizade e relacionamento até hoje, isto é, 30 anos depois! Dr. Dimas, Ângela Lutterbach, Rizia, Valéria Pereira,

Paulo Machado, Humberto Mello, Carlos Saad, Afonso Zuin, Ivan Pimenta, Lila, Quintiliano Lemos, Marcelo Malta, Carlyle Coelho, Paulinho, Silvania, Sr. Wilson, Justino, Sr. João, Amarildo, Catarino, Helinho, Ildeu, Rela. Até hoje, quando visito o nosso Zoológico, faço questão de rever cada um desses amigos, que contribuíram com coragem, alegria e determinação para a realização de suas inúmeras transformações.

A credibilidade de uma pessoa é construída pela sua retidão de caráter e firmeza de conceitos, porém a flexibilidade de ideias permite um bom diálogo e pode até reforçar ou alterar seus conceitos. Em outras palavras, a flexibilidade de conceitos muitas vezes é um aspecto positivo que pode até ampliar a credibilidade da pessoa. Mas a vida é repleta de acontecimentos que podem permitir às mentes flexíveis confirmarem ou alterarem conceitos bem-estabelecidos. Em decorrência de algumas viagens que havia feito no Pantanal, na Amazônia e no Cerrado comecei a perceber semelhanças de comportamentos entre os mais diversos seres vivos, quer fossem vegetais ou animais. Ao longo do tempo que trabalhei no Zoológico, interessei-me em observar continuamente o comportamento dos quase mil habitantes ali existentes. O resultado foi interessante, pois se antes imaginava que havia forte alteração nesses animais criados em contato constante com humanos, a realidade do Zoo confirmou que o comportamento primitivo se mantém semelhante ao encontrado nos ambientes primitivos silvestres. Apesar da vida (plantas, bichos, humanos) ter uma origem comum, obedecendo ao mesmo modelo – o DNA, o processo evolutivo ocorrido ao longo de bilhões de anos promoveu ou permitiu a cada espécie desenvolver organizações sociais totalmente distintas graças à constituição genética própria de cada uma. Como o geneticista Adam Rutherford, autor do grande livro *Criação, a origem da vida* (Zahar Editora, 2014), disse: “A vida é perturbadoramente diversa. O que mais atordoa, porém, é sua conformidade”, ou seja, todas as espécies seguem um mesmo padrão, seguramente indicando uma origem comum.

Nossa espécie, tipicamente social e gregária, construiu uma sociedade complexa, como as malhas de um tapete persa, onde o conjunto representa a interdependência dos fios, mostrando a ligação e o acúmulo de nossas realizações e narrativas. Mas em decorrência de nossa criatividade, distanciamo-nos das malhas da natureza, "perdendo o fio da meada" e desorientados com o porvir de nossa estrutura. Por outro lado, nossa complexidade social (caracterizada pela interdependência das pessoas e das profissões) é muito semelhante à complexidade ambiental, caracterizada pela total interdependência das espécies e do ambiente onde vivem. Enquanto modificamos nossas sociedades, conforme aperfeiçoamos e criamos novas tecnologias, os vegetais e os animais silvestres continuam com o mesmo padrão de atividades e formas de viver desde seus primórdios. Mas acima dessas diferenças tecnológicas, o comportamento básico vegetal, animal e humano continua o mesmo, pois somos reféns do DNA, ou seja, nós humanos e os demais seres vivos mantêm o mesmo repertório comportamental, idêntico aos primórdios herdados do modelo de vida. Cabe aqui uma complementação: enquanto vegetais e animais silvestres seguem o padrão original, os vegetais e animais domésticos, por terem sofrido modificações genéticas (seleção genética buscando melhoria produtiva ou comportamental), podem ser considerados como espécies artificiais, bem distintas das espécies que lhes deram origem.

Essas observações permitiram concluir que, em razão dessa herança, o comportamento humano não se alterou ao longo dos milênios, apenas modificou sua forma de expressão conforme a tecnologia disponível. Essa conclusão passou a ser a razão maior das interpretações que tenho feito sobre as atitudes de nossa espécie ao longo de nosso processo evolutivo. Em verdade, minha passagem pelo Zoológico teve um papel fundamental nos meus conhecimentos, que tiveram início muito antes, conforme mostrarei adiante.

A escolha do presidente da Fundação Zoobotânica é atribuição do prefeito de Belo Horizonte e o Dr. Hugo havia sido indicado pelo grande Prefeito Patrus Ananias. Até essa época, prefeitos e vereadores adoravam sugerir ou impor nomes ou propostas para serem cumpridas dentro do zoológico, mas um dos pontos decisivos de minha conversa com o Dr. Hugo em nosso primeiro encontro foi suprimir esse vício do zoológico se submeter a interesses políticos. Se assim pensávamos assim passamos a agir. Recebíamos com cortesia os vereadores ou algum eleitor por eles enviados, mas sistematicamente dizíamos: nem o Prefeito Patrus interfere aqui dentro. Agradecemos a visita, mas seu pedido não será atendido. Após sucessivas recusas de atender aos pedidos eleitoreiros, em pouco tempo essa anomalia foi extinta; e pudemos trabalhar com calma, dentro dos princípios básicos de que em um zoológico o objetivo maior é manter um plantel de animais saudáveis e bem-cuidados, aliado a um bom programa de educação ambiental para a rede de ensino.

Inexperiente na lida com animais silvestres, cada dia e cada semana me esforçava em aprender sobre os animais de nosso plantel. Observava e ouvia os tratadores e os biólogos, além de estudar sobre o assunto em livros de nossa boa biblioteca. Mas ocorreram vários eventos assustadores poucas semanas depois que havia assumido o cargo. O expediente encerrava às 17 horas, permanecendo apenas os guardas noturnos. Sabendo do padrão de atividade dos animais, eu gostava de ficar até às 18 horas para apreciar o comportamento deles nesse momento mágico do entardecer. É nesse momento que os bichos noturnos se tornam mais ativos em busca de alimento e parceiros reprodutivos, enquanto os diurnos buscam o abrigo para dormir. E assim me deliciava com as revoadas das garças vindas da Lagoa da Pampulha se dirigindo para o ninhal, localizado próximo da portaria principal e da cantoria dos iriris, também oriundos da Lagoa se dirigindo para o recinto dos Anatidae (patos e marrecos) onde completavam sua alimentação. Pois bem, em uma dessas tardes, de repente fui procurado por um guarda noturno assustadíssimo, dizendo: "O recinto das girafas se rompeu e uma delas fugiu!" E naquele momento só havia umas 5 pessoas dentro do Zoológico. Como lidar com uma girafa solta? Poderia nos agredir? Como rompeu sua cerca de madeira? A cerca estaria envelhecida e frágil ou a girafa a derrubou para fugir? A solução sugerida por um dos vigilantes noturnos foi jogar dentro do recinto um grande molho de capim fresco junto com galhos de sibipiruna e, improvisando uma cerca luminosa com lanternas, fomos encaminhando a enorme girafa por onde saiu. E deu certo! Nossa que susto! Moral da história: a girafa fugiu porque a cerca estava velha e frágil. Foi o primeiro recinto a ser refeito.

Outro susto "enorme" que passei foi com os elefantes. Tinha por hábito visitar os recintos com frequência, não só para acompanhar a forma como cada bicho estava sendo alimentado, como também verificar a situação do recinto e, principalmente, estudar o comportamento daquela espécie. Assim fui visitar o recinto dos elefantes onde um filhote, já grande, vivia solto em uma área restrita aos tratadores. Como os tratadores e os animais se conhecem, vivem em harmonia. Acontece que eu, um estranho, ao me aproximar da entrada do recinto "dei de cara" com aquele monstro, berrando, com as enormes orelhas distendidas e a tromba enrijecida apontada em minha direção, em posições de ataque típicas do agressivo elefante africano. Com certeza ele estava aterrorizado em ver um estranho em seu ninho e eu apavorado sem poder me movimentar. Ficamos uma "eternidade" nesse confronto psicológico de pavor mútuo até que o Justino (o tratador usual dos elefantes) ouviu os gritos de seu bebê e foi socorrer seu animalzinho de estimação. Por tabela o Justino me salvou, morrendo de rir. E a partir desse episódio, tornamo-nos grandes amigos. Bem explicado: o Justino e eu!

Outro evento espetacular que presenciei ocorreu durante a mudança de recinto dos chimpanzés. Uma família de chimpanzés vivia há anos em uma jaula pequena e isso incomodava a todos: aos chimpanzés, aos tratadores, à equipe técnica e, especialmente, ao Dr. Hugo. Juntamente com a Valéria, responsável pelo setor de mamíferos, foi possível adequar um recinto enorme, com árvores de grande porte, para receber os chimpanzés. A fêmea mais antiga, Ágda, havia nascido em um circo e nunca havia subido em uma árvore, assim como sua companheira Doroteia e o macho, Pongo, oriundo de outro zoológico. Em uma tarde, quando todos os visitantes já haviam se retirado, foi feita a transferência. Estavam presentes apenas o Dr. Hugo, a Valéria, a Angela Lutterbach, eu e mais dois tratadores acostumados com os chimpanzés, além do Ildeu, que manobrava o trator transportando sua preciosa carga. Os animais ao se verem livres em uma área de mil metros quadrados começaram a correr, bisbilhotando cada canto e se aproximando das árvores. Depois de quase 1 hora nessa alegria coletiva, já escurecendo, a Ágda se aproximou de uma sibipiruna, subiu com destreza até sua copa e imediatamente passou a quebrar alguns galhos, formando um ninho para dormir e deitou-se. Repetiu o costume milenar em um impulso atávico da espécie. A cena foi tão emocionante que nos abraçamos chorando. O comportamento genético daquela espécie se manifestou diante da oportunidade e a Ágda retornou à sua identidade. Fantástico e emocionante.

Dois aspectos interessantes que desconhecia sobre a biologia e comportamento dos animais de zoológico se referem à longevidade e à aceitação aos humanos. Enquanto na natureza, decorrente da luta pela vida (busca pelo alimento e água, predação, doenças), a longevidade é menor (cerca de 10%); no zoológico, são mais longevos, pois recebem cuidados especiais na alimentação, no tratamento e prevenção de doenças, além da ausência de predadores. Quanto à aceitação de humanos é recíproco ao cuidado e simpatia com que o animal é manejado e alimentado, porém jamais perde sua origem selvagem.

Outra lembrança que tenho se refere ao sistema de estágios, pois até a posse do Dr. Hugo não havia controle para admissão de estagiários. Usualmente algum estudante universitário (biologia, veterinária ou zootecnia) que se interessasse pela oportunidade se dirigia individualmente ao zoológico ou era indicado por algum vereador ou deputado. Logo no início de nossa gestão fizemos uma comunicação às universidades, esclarecendo que a partir daquela data os estágios estariam sob sua supervisão. Ou seja, o candidato a estágio precisava ser indicado por escrito por um professor da universidade onde estudava. Havendo interesse ou necessidade, o técnico do setor (aves, educação ambiental, mamíferos, répteis, veterinária e mais tarde borboletário) avaliava o pedido, decidindo pela aceitação ou não do aluno. O estagiário devia cumprir uma carga horária, executar uma tarefa (de rotina ou um trabalho científico) e apresentar um relatório à universidade de origem e ao técnico orientador do setor ao final do estágio. O estágio tinha a duração de 1 semestre, podendo ser prorrogado. Foi uma maneira prática de organizar os estágios, muito procurados, evitando o mal-estar que ocorria entre alunos, universidades e técnicos do próprio Zoológico quando o estágio dependia de indicação política.

O mandato do diretor do Zoológico coincide com o mandato do Presidente da Fundação Zoobotânica e do Prefeito (pois são cargos de confiança). Em janeiro de 1997 tomou posse o novo Prefeito de Belo Horizonte, o Dr. Célio de Castro, mas o Dr. Hugo foi convidado a permanecer no cargo, tal era o seu prestígio e a qualidade do trabalho que desenvolveu na Fundação. Mas eu tive que me afastar, pois minha esposa havia recebido uma bolsa para estagiar por 1 ano no Los Angeles County Museum (LACMA). Não tinha uma data acertada para viajar, mas a qualquer momento isso poderia ocorrer. Assim, em março de 1997 pedi para sair. Foram duas decisões difíceis, por dois motivos. A primeira foi sair de um trabalho fascinante, junto de uma equipe extraordinária e a segunda residir por 1 ano em um país pelo qual não tenho a menor simpatia. E assim, no capítulo seguinte contarei as novas fontes de aprendizagem, ou seja, os novos retalhos costurados no tecido de minha vida.

15 Fechando um Ciclo

Quando comuniquei ao Dr. Hugo o motivo pelo qual não poderia continuar trabalhando no Zoológico ele prontamente compreendeu, mas deixando claro que contava com minha presença assim que retornasse de Los Angeles. Como tínhamos ideais semelhantes na condução do Jardim Zoológico, seria ótimo continuar trabalhando assim que regressasse de minha viagem. Mas, por outro lado, conhecendo a qualidade de nosso corpo técnico, não havia necessidade de convidar pessoas de fora para assumir a direção, quer do Zoológico, quer do Jardim Botânico. O convite de estranhos era uma atitude política e, a meu ver, a Presidência deveria dar oportunidade à prata da casa. O Dr. Hugo concordou com essa ideia e, assim, quando comuniquei meu afastamento ele não foi buscar fora meu substituto. Passados alguns dias, disse-me que havia escolhido o Carlyle Coelho para ser o novo Diretor do Zoológico. Foi uma boa escolha, pois Carlyle era um profissional competente, chefiando com dedicação o hospital e a excelente equipe de veterinários. E dessa forma, quando retornei da viagem, ele continuou como Diretor ao longo de vários anos, realizando um excelente trabalho.

Ainda hoje, passados mais de 20 anos, posso afirmar que a despedida do Zoológico foi repleta de emoção. Saí da Fundação Zoobotânica, mas até hoje ela não saiu de mim.

Em Los Angeles nosso desejo era alugar um apartamento próximo ao LACMA para facilitar a movimentação diária da Ana. Hospedamo-nos no Spring Hotel e depois de 2 dias de procura encontramos, no bairro West Hollywood, um apartamento de um quarto na Cloverdale Street, 659, aptº 14, situado há 4 quarteirões do Museu. Foi uma experiência muito rica conviver com aquele povo nacionalista ao extremo, trabalhador e inventivo, orgulhoso de seu país, mas com pouquíssima consideração, digo desprezo mesmo, pelos latino-americanos.

Cerca de 1 mês após nossa chegada em Los Angeles, filiei-me a uma unidade da Biblioteca Pública perto de casa. Como gosto muito de ler, toda semana pegava um livro sobre história ou política americana. Com as leituras aperfeiçoava meu inglês e conhecia melhor o país. Para completar esses objetivos, matriculei-me em uma escola pública próxima que oferecia curso de inglês para estrangeiros. Até aí tudo bem, tudo normal. Mas participando dessas duas instituições, misturei conhecimentos e quase fui preso e deportado para o Brasil. Aconteceu assim: naquela época, 1998, o Presidente Bill Clinton estava passando por um enorme desgaste de sua popularidade em decorrência do escândalo sexual com sua estagiária Monica Lewinsky. Como o governo e o povo americano adoram bombardear algum país, pois isso gera riqueza e prestígio interno, o Bill Clinton intensificou a propaganda contra o Iraque, além de difamar a pessoa do Presidente Saddam Hussein. Segundo a mídia (jornais, revistas, rádios e televisão), o Saddam era um ditador sanguinário, um demônio em forma de gente, grande inimigo do ordeiro e trabalhador povo americano. Em verdade, o Bill Clinton precisava limpar seu nome e essa foi a repetição da conhecida fórmula americana de justificar sua belicosidade em defesa da democracia. Pois bem, diante dessa confusão entendi como a opinião pública americana (e de qualquer outro país) é facilmente manipulada pela mídia (hoje multiplicada pelas redes sociais nas mãos de idiotas).

Na escola de inglês que frequentava éramos cerca de 20 alunos, oriundos de diversos países. A maioria era judeus-russos, além de coreanos, indianos e eu, brasileiro. Um belo dia o professor perguntou:

— "Tem alguém nessa sala que gosta do Saddam Hussein?"

Imediatamente respondi que sim, elogiando o trabalho e o esforço dele em fazer do Iraque um grande país. O professor ficou roxo, espumando de raiva, levou-me até a sala do diretor da escola. O diretor, também perplexo, perguntou-me:

— "Onde é que você aprendeu esses absurdos? Você, por ventura, conhece o Iraque ou é comunista?" Apreensivo com a situação, consegui ficar calmo, pois possuía um trunfo em minhas mãos, e respondi:

— Tudo o que falei eu li em um livro da Biblioteca Pública. O senhor conhece os livros publicados pelo Congresso Americano? É uma coleção enorme, dedicada a assuntos especiais, inclusive descrevendo sobre diversos países. Todos têm uma capa dura branca e são escritos para consulta dos congressistas deste país. No livro sobre o Iraque, o Saddam Hussein é descrito como um ótimo Presidente. Inclusive várias empresas americanas e brasileiras estão realizando grandes obras por lá.

Engasgado e gaguejando, o diretor esbravejou:

— "Você tem esse livro?"

— Não o tenho. Conforme lhe falei, o que li pertence à Biblioteca.

— "Pois me traga esse livro amanhã!"

Como os livros da Biblioteca podem ser emprestados por até 1 semana, nesse momento fiquei aflito com a possibilidade de não estar disponível, ter sido emprestado, pois o Iraque era o assunto mais falado pela mídia. Da escola corri os 3 km até a fonte de minha salvação, entrando ofegante na Biblioteca. Felizmente o livro estava disponível e peguei-o novamente. No dia seguinte cedo entreguei-o ao diretor. Leu e releu algumas páginas, dizendo-me com o semblante irado:

— "O que está escrito é uma informação antiga, não é a realidade atual. Enquanto você estiver morando nesse país, não comente sobre esse livro com ninguém. Pode ir para sua aula."

Ao entrar na sala, os colegas estavam preocupados comigo, sem saber o destino que havia tomado. Uns até me perguntaram se eu seria expulso da escola. O professor era outro e não mencionou nada sobre o "tema tempestuoso" que eu havia levantado. Como é um país poderoso, que policia o mundo todo, por precaução, eu não abri o bico nem com os colegas. Mas o livro mostrou o verdadeiro retrato do Iraque e de seu Presidente. E assim adicionei mais um retalho na compreensão do comportamento dos poderosos. Conforme disse, a credibilidade de uma pessoa é construída pela retidão de caráter e firmeza de conceitos, porém na política a credibilidade é volúvel, mudando conforme a direção dos ventos e o interesse dos poderosos.

Aos poucos fui aprendendo a lidar com as formas de viver daquele povo, passando a ter um cuidado especial em não elogiar nenhuma moça como era e é meu costume proceder aqui no Brasil. Caso dissesse que era bonita ou simpática, meu elogio poderia ser interpretado ou denunciado como um *sexual harassment* e ser preso... E uma vez quase fui denunciado em uma loja de discos. Esse pavor de se envolver publicamente com o sexo oposto faz parte da lavagem cerebral coletiva americana, é uma forma hipócrita de puritanismo ou medo de ir para o inferno?

Ao contrário do que se diz, nos Estados Unidos tem muito feriado, pois é uma forma do turismo interno se manter ativo e promover a circulação da riqueza. E assim aproveitávamos os frequentes dias livres para conhecer melhor o país, fazendo viagens, visitando museus e zoológicos. Decidi então fazer anotações para que quando retornasse pudesse escrever o livro *Impressões sobre um império*, cujo título já havia definido. Nele descrevi o que vi, mas, mesmo tentando ser isento e admirando as belezas naturais e as riquezas construídas, confirmei minha pouca simpatia por aquele país e sua cultura imperial.

Antes de completar o tempo previsto para nossa permanência, isto é, 1 ano, eu e Ana decidimos retornar para nossa casa. Mas como estávamos há meio do caminho para o Japão, resolvemos viajar antes para Hiroshima, onde lá residia há mais de ano nosso filho Otávio. Havia sido contratado pelo governo japonês para trabalhar como Consultor Esportivo Internacional, orientando treinadores e preparadores físicos locais. Conhecer o Japão e sua cultura milenar, tão distinta da nossa, repleta de tradições e respeito religioso ao imperador foi outra experiência fantástica. Mesmo sendo uma estadia curta, de apenas 10 dias, conseguimos entrar em contato com o povo nos mais diversos locais e situações. O contraste entre o povo japonês e o povo americano é enorme. Ficamos encantados com a educação, a gentileza e a prestimosidade do japonês. Talvez o motivo maior dessa forma de viver se deva às duas religiões lá predominantes: o Budismo e o Xintoísmo. A primeira é bem-conhecida, pois é professada no mundo todo, inclusive aqui no Brasil, mas a segunda é quase que exclusiva do Japão. São religiões distintas, mas ambas estimulam o respeito aos mais velhos e o culto à natureza. Em verdade, no Xintoísmo a relação humanos/natureza é o ponto central, havendo vários deuses (kamis), cada um envolvendo rios, florestas, pedras, sol, lua, tempestades, animais. Existe há milênios naquele país e exerce grande influência na sociedade, induzindo forte respeito ao imperador, aos ancestrais, aos mais velhos e à responsabilidade de cada cidadão para o bem-estar coletivo. Por outro lado, ao conviver com tanta amabilidade espontânea daquele povo, custei a acreditar que também eram capazes de praticar atos os mais hediondos, especialmente em conflitos pessoais ou guerras. Ou seja, o comportamento dessa sociedade tão distinta da nossa ou da americana tem valores e defeitos muito semelhantes aos encontrados no *Homo sapiens,* espalhados pelo mundo. A sociedade construída em cada nação é diferente, pois depende da geografia, da história e do processo cultural de cada uma, mas o DNA dos habitantes permanece o mesmo, inclusive os comportamentos positivos e negativos. Em verdade, o famoso inconsciente coletivo de Carl Jung é a manifestação das experiências vividas pelos humanos desde nossos primórdios e gravadas em nosso DNA. É realmente impressionante como essa "mistura química" conseguiu atravessar milhões de anos, mantendo a vida tão maravilhosamente estruturada, distinguindo-nos do restante estéril dos demais corpos celestes.

Quando Otávio passou a residir em Hiroshima, escrevia-nos com frequência comentando suas dificuldades com a língua, falada ou escrita, sentindo-se um analfabeto. No início de seu trabalho se comunicava em inglês, pois ao contrário das pessoas de mais idade, todos os jovens conheciam essa língua. Aos poucos aprendeu a falar e escrever em japonês. Esse detalhe foi fundamental quando o visitamos, pois desejávamos conhecer alguns locais isolados, bem típicos do país, afastados do turismo de massa. Mesmo receosos do choque que poderia nos causar, desejávamos conhecer o Museu da barbárie atômica americana. Falando inglês e japonês, Otávio nos mostrou cada detalhe da monstruosidade do teste de se jogar uma bomba atômica sobre uma cidade. O horário foi escolhido por mentes perversas: no exato momento em que a maioria da população estava na rua, saindo de casa para o trabalho ou levando os filhos para a escola. Minha pouca simpatia para com o povo americano ampliou-se ainda mais. O choque foi tão grande que passei a sentir nojo de pessoas que representam a escória do pensamento humano como Hitler, Franco, Mussolini, Stalin, Harry Trumam, os negacionistas de plantão e os fanáticos religiosos que infestam o mundo.

Poucas semanas depois de nosso retorno dos Estados Unidos e do Japão, a saudade levou-me a rever o Zoológico. Foi muito agradável encontrar-me com os colegas, caminhar pelas ruas e avenidas sem a responsabilidade de ser o diretor. Mas vejam a grata surpresa que tive. O Conselho Curador da Fundação seria renovado e os funcionários convidaram-me para ser o representante deles. Esse convite surpreendeu-me porque fui um Diretor rigoroso, exigindo um trabalho bem feito, chegando a suspender algum funcionário que tivesse cometido deslizes anteriormente combinados. Mas é verdade que também estimulava e elogiava aqueles que exerciam sua função corretamente. Ao perguntar o motivo do convite, a resposta me encheu de orgulho: “Porque o senhor foi um diretor que sempre nos escutou e nos apoiou. Foi sincero e respeitoso conosco e precisamos de um representante assim”. Aceitei a honrosa incumbência e por mais 4 anos a Fundação voltou a morar dentro de mim.

As reuniões do Conselho Curador não eram frequentes e assim foi fácil conciliar com outras atividades, especialmente ligadas à parasitologia. Havia sido convidado a proferir uma palestra sobre ensino durante o XVII Congresso de Parasitologia (2001) realizado em São Paulo e ao final a Profa. Annette Foronda, que presidia a mesa, sugeriu-me: "Por que o Senhor não escreve um livro com essa abordagem dinâmica do ensino?" E, assim, ao retornar a Belo Horizonte coloquei a palestra em uma ordem didática e depois de 1 ano de trabalho diário publiquei em fevereiro de 2003, pela Editora Atheneu, o *Parasitologia dinâmica*. Depois foram feitas mais 3 edições desse livro, que também teve boa aceitação, especialmente entre os professores e alunos do curso de Ciências Biológicas. A terceira edição, publicada em 2009, até hoje é adotada em algumas universidades. Nessa terceira edição contei com a inestimável parceria de mais 4 colegas: Cinthia Furst, João Daniel Iglésias, Joziana Barçante e Roseli La Corte, aos quais agradeço muito.

Estava ainda escrevendo a primeira edição do *Parasitologia dinâmica* quando, em 2002, recebi o honroso convite de um ex-aluno, o Dr. Assuero Rodrigues da Silva, psiquiatra famoso e Diretor da recém-fundada Faculdade de Medicina, em Vespasiano, MG, com a cativante e inovadora sigla: FASEH (Faculdade de Saúde e Ecologia Humana). Aceitei o convite prontamente, pois seria o professor da disciplina Parasitologia Médica, para alunos de Enfermagem e Medicina. A FASEH tinha uma proposta inovadora, na qual os alunos, desde o início, estariam envolvidos com as atividades do SUS, além de realizar estágios em hospitais conceituados como o Odilon Berhens e o Júlia Kubitschek. Essa instigante proposta de ensino me motivou, porém, além disso, eu poderia retomar a forma original de ministrar aula da matéria toda, acompanhando a turma do princípio ao final da matéria. Em consequência dessa identidade de meu entusiasmo e dos alunos, novamente passei a ser homenageado pelos formandos, honrando-me como patrono da turma, homenagem especial e até paraninfo. Em uma das formaturas, a aluna representante da turma, em seu discurso solene, disse: "O professor David Neves não é médico, mas nos ensinou a exercer a medicina com grandeza, respeitando o paciente e a ciência".

Em 2010 achei que havia terminado meu tempo na FASEH. Além de sentir-me cansado, entendi que precisava dar lugar aos jovens professores. Assumiriam com competência a moderna parasitologia, a qual estava difícil acompanhar. E assim comuniquei ao Prof. Assuero minha intenção de sair, indicando duas colegas para assumirem as aulas: a Profa. Joziana Muniz de Paiva Barçante e a Profa. Thelma de Filippis.

Uma nova oportunidade de residir em outro país também partiu da competência da Ana como restauradora. Em 2004 ela ganhou uma bolsa do Instituto Central de Restauração de Roma (ICROM) para fazer um curso internacional com duração de quase 2 meses em Roma. Nessa cidade alugamos um apartamento em um prédio antigo na Viale Ana Faustinia, 114, Ap. 02, no Bairro Piramidi. Era uma localização boa, pois Ana podia se locomover a pé até a Escola, apesar de ser obrigada a andar por ruas e avenidas com um trânsito caótico.

Há cerca de 2 quarteirões de nosso apartamento, podia-se ver o enorme aqueduto que alimentava a grandiosa "Termas de Caracala". Construída no ano 212 de nossa era, ocupava uma área de 25 hectares e podia atender cerca de 6.000 banhistas simultaneamente. Como era próximo de casa, passava horas admirando o que sobrou daquela monumental estrutura, imaginando o comportamento dos usuários e o gasto de lenha para o aquecimento contínuo daquele volume enorme de água, além da tubulação necessária para encher piscinas e banheiros. Impressionante e admirável o engenho humano desde remotas épocas.

A Ana era a única brasileira em uma turma de 20 conceituados restauradores oriundos de diversos países. Ao contrário da experiência americana, residir na Itália foi muito agradável e interessante, com um povo alegre e comunicativo, muito semelhante ao brasileiro. A cada esquina, a cada quarteirão tropeçávamos com resquícios do grandioso império romano, dominador com mão de ferro de metade do mundo. A expressão 'mão de ferro' pode parecer pesada, mas basta lembrar a morte brutal de Jesus Cristo por ter enfrentado as leis romanas e o interesse judaico. Além das grandiosas relíquias arquitetônicas, encontrávamos pela cidade uma verdadeira apoteose artística em museus fechados ou a céu aberto, palácios e catedrais monumentais construídos nos séculos da opulência católica. Em algumas catedrais, até hoje, pode-se adquirir indulgências (fotos do papa da vez) como se fossem salvo-condutos para se entrar no céu. Sem-vergonhice faz parte de nosso DNA ancestral, independente da aparência angelical... Também me interessei em visitar o Trastevere (bairro situado na margem direita do Rio Tevere, em português, Tibre) e conhecer o antigo hospital onde eram internados os doentes de malária. Quando o visitei, o antigo hospital havia sido transformado no Museu da Cidade, especializado em reproduzir as habitações e mobiliários dos anos 1800, ou seja, a forma de vida dos cidadãos comuns, da plebe rude. Os donos do poder residiam em palacetes encontrados na Roma soberba, na margem esquerda do Tevere. Interessante que nos últimos anos o Trastevere se tornou um bairro chique, onde residem intelectuais e artistas.

Um aspecto sanitário pouco divulgado, talvez por interesse comercial ou vergonha para não se igualar a países africanos ou sul-americanos, refere-se ao fato que até o início do século XX, a malária era endêmica na Itália e em todo o sul da Europa. Achava-se que as pessoas adquiriam a doença ao respirar o "mal ar" dos pântanos (daí o nome "malária"), mas em 1889, na "campagna italiana", descobriu-se que a água acumulada nos pântanos funcionava como o criadouro do transmissor, o famoso mosquito prego (*Anopheles*).

Outras viagens pelo oeste, centro e leste europeu, assim como viagens a Cuba, a Israel, ao Marrocos e a países latino-americanos foram fundamentais na minha formação e na possibilidade de avaliar ou comparar o comportamento de nossa espécie com a dos animais. Isso fortaleceu minha motivação para escrever este livro: a biologia. A vida é o bem maior de nosso Planeta e precisa ser cultuada e respeitada como a dádiva maior e única do universo. No capítulo seguinte pretendo comentar alguns aspectos dessa fascinante aventura da existência de vida nesse curioso Planeta.

16 Ecologia – Uma Luz Anunciada

Acredito que tenha sido em 1968, em uma das reuniões da Sociedade de Biologia de Minas Gerais, que ouvi do famoso Prof. Giorgio Schreiber a frase de Nietzsche: "Toda vida vive às custas de outra vida." E há pouco tempo novamente a vi no livro de Viviane Mosé, *Nietzsche hoje* (Editora Vozes, 2018).

Essa frase passou a circular em minha cabeça desde quando a ouvi pela primeira vez, interpretando-a de formas diferentes conforme as circunstâncias e o momento que observava a natureza. Perguntava-me: Foi dita em relação à predação na cadeia alimentar? Seria a *sinergia vital* que mantém a vida no Planeta, significando o relacionamento ou a interdependência de todas as espécies na manutenção da vida no Planeta? E assim a frase passou a ter significados distintos ao longo de minhas observações pelos matos e pelas cidades em diferentes regiões e países.

Mas de toda forma a frase dita pelo Prof. Schreiber, gerando diferentes interpretações, levou-me a fazer algumas disciplinas do Curso de Ciências Biológicas na UFMG. Como professor dessa universidade poderia matricular-me em "disciplinas isoladas", estudando como um aluno de graduação normal. E assim, em semestres sucessivos, pude estudar Zoologia, depois Botânica e finalmente Ecologia. Faltou pouco para me formar em Ciências Biológicas, o que teria sido muito bom, mas minhas atividades normais de ensino, pesquisa e extensão ocupavam todo o tempo.

A disciplina Ecologia foi fundamental para minha formação, não só pelo aprendizado dos conceitos corretos dessa ciência tão ampla, mas por permitir entender o papel dos humanos na natureza. A palavra *ecologia*, erroneamente empregada como sinônimo de *natureza* foi criada pelo naturalista alemão Ernest Haeckel, unindo duas palavras gregas: *oikos*: casa e *logos*: estudo, ou seja, *estudo da casa*, isto é, "estudo da relação entre os animais, os vegetais e o meio orgânico e inorgânico onde vivem". A partir desse conceito básico, os cientistas passaram a aprofundar os conhecimentos da forte relação do *Homo sapiens* com a natureza e o meio físico e químico (natural ou urbano) que nos rodeia. E assim surgiu a Ecologia Humana, que significa o estudo da relação do ser humano com seu ambiente natural e artificial (urbano), adicionando-se aspectos sociais, econômicos, políticos, religiosos e sanitários, permitindo uma visão do conjunto do que denominamos "vida". Assim, a "ecologia humana" mostra que o ser humano não está isolado do meio ambiente, ele é parte integrante deste. Ou seja, "para a sociedade se desenvolver é preciso desafiar a natureza; mas para a sociedade sobreviver é indispensável preservar a natureza". Essa informação é essencial para explicar o motivo pelo qual a sociedade que montamos está indo contra o equilíbrio natural e nos levando em direção inexorável à finitude de nossa espécie. De acordo com os conhecimentos da ecologia humana, não é aceitável produzir alimentos destruindo campos, cerrados e florestas, rios, lagos e oceanos. Não é aceitável produzir volumes desmedidos de lixo, especialmente embalagens plásticas e produtos descartados precocemente pela contínua e lucrativa inovação tecnológica ou pelo turismo irresponsável e frívolo. Na realidade, esse sistema capitalista de sempre almejar o lucro e o prazer como objetivo maior de vida, além de predar a natureza, esconde a verdade que poucos se beneficiam desse lucro imediatista e dessas agressões ambientais, enquanto milhões de pessoas, animais e plantas são penalizados pelas consequências. O lucro, dentro dessa perspectiva, torna-se um objetivo irresponsável e frívolo, pois desvia ou menospreza a consciência coletiva da necessidade premente de se cuidar do meio ambiente e de se promover o equilíbrio social. Em verdade, a sociedade consumista é manipulada para agir assim, negligenciando a responsabilidade de cada pessoa na construção de um mundo mais saudável, justo e equilibrado!

Outro conceito interessante que aprendi e ajuda a entender a relação das espécies com o meio ambiente se refere ao que denominamos "vazio ecológico". O que significa? É um conceito-chave que permite entender as diversas e intrincadas interações das espécies. Todos os seres vivos interagem entre si e cada um tem uma "função", ou seja, exerce uma "atividade" importante para sua sobrevivência e de todas as demais espécies que participam daquele ambiente. Essa função ou atividade, portanto, é fundamental para o equilíbrio do conjunto da vida no Planeta. Por exemplo, qual o papel da lagartixa silvestre ou urbana? Controlar pequenos insetos, que se não forem devorados, irão se multiplicar assustadoramente. Qual o papel dos morcegos frugívoros? Ao se alimentar com flores e frutos promove a polinização e a disseminação das sementes, função de grande importância no equilíbrio de florestas, cerrados e caatingas.

Caso uma espécie desapareça, sua "função" deixa de ser realizada e o equilíbrio da natureza é prejudicado. Ou seja, o desaparecimento de uma espécie promove o "vazio ecológico", o qual pode levar a duas situações:

- Sendo uma função imprescindível, sua ausência estimulará outra espécie a entrar em cena e realizar a função necessária.
- Caso a espécie responsável por uma função se torne prejudicial (por excesso ou por escassez de representantes) à manutenção do equilíbrio ambiental, ela pode ser naturalmente extinta e gradativamente substituída por nova espécie para a reativação da função.

Como a natureza não tem pressa, os tempos necessários não podem ser medidos por nossos calendários.

Essas prováveis alternativas nos levam a uma questão: sob o ponto de vista biológico, qual a função da espécie humana na natureza? Observando-se o processo evolutivo darwiniano e o comportamento humano, podemos encontrar uma resposta esclarecedora. Até cerca de 20 ou 30 mil anos atrás, quando vivíamos em condições bem primitivas, muito semelhantes a todos os primatas (e até antes da colonização portuguesa, nossos indígenas também agiam assim), éramos onívoros, inteligentes e espertos, organizávamo-nos em grupos familiares (muitas vezes rivais em lutas ferozes pelo espaço, pelo parceiro reprodutivo e pelo alimento), mas sem perturbar ou danificar a natureza, exercendo a importante função de controlar a população de suas presas, assim como disseminar sementes. Ou seja, os humanos primitivos executavam suas "funções biológicas" dentro do esperado para o equilíbrio ambiental.

Seguindo nossa trajetória, a biologia e a ecologia humana mostraram que a partir de 10 mil anos atrás, quando nos organizamos em sociedades estruturadas, cada vez mais complexas, mudamos nossa função de participar do equilíbrio ambiental. Deixamos de participar da natureza para apenas usá-la. Passamos, cada vez mais agressivamente, a intervir no meio ambiente pelo espaço, pelo parceiro reprodutivo e pela produção de alimento, agora acrescidos de mais três fortes agravantes: o aumento populacional (8 bilhões de pessoas); a urbanização da sociedade; e a adoção de um sistema econômico voraz e de um desenvolvimento tecnológico agressivo ao meio ambiente (destruição de biomas para produção de alimentos, uso constante de agrotóxicos e de maquinaria pesada).

E assim passamos a viver em megalópoles, totalmente distanciados de nossas origens e ignorando nossa total dependência da natureza. Assustamo-nos diante das frequentes e calamitosas alterações climáticas, porém não alteramos nada em nosso modo de viver para corrigir as agressões da sociedade à natureza.

Distanciamo-nos da natureza, mas, sob o ponto de vista biológico, o *Homo sapiens* continua sendo apenas mais uma espécie da biodiversidade planetária. Não podemos fugir dessa origem, mas, ao ignorarmos isso, a realidade social e ambiental mostra que os humanos modernos perderam o ritmo da Natureza. Em verdade, criamos um enorme descompasso entre nossa estrutura biológica e os avanços tecnológicos. Achando-se superdotados e superiores, desdenhamos da natureza, sem nos darmos conta que nossa sociedade está se tornando vítima de nós mesmos. Criamos uma sociedade digital avançada, ao lado de um desequilíbrio social cada vez mais complexo e insolúvel. As *big techs*, proprietárias das mídias sociais, usando de ataques ofensivos, difamatórios e falsos, recheadas de uma linguagem de ódio, estão se tornando o instrumento de dominação e manipulação do neofascismo mundial. Afrontam governos e instituições legais, instigando a divisão, a suspeição e a repulsa aos valores de uma sociedade organizada. Porém, antes de tudo, estão afrontando a natureza, ao promover o desequilíbrio social e ambiental. Ou seja, ao buscar o controle da humanidade, estão incentivando a desordem social e acelerando o desequilíbrio da natureza. Além disso, essas atitudes insanas estão enfraquecendo as organizações civis e oficiais promotoras do bem e da legalidade, mantenedoras dos valores e do equilíbrio socioambiental. Diante da rapidez e penetração das mídias sociais, indagamo-nos: a biologia explica esse momento de transição tão contraditório de nossa sociedade? Sim, podemos perceber que essa contradição continua como o resultado da presença de genes competidores e dominadores em nosso DNA primitivo, porém nos mostra também que se essas mídias sociais forem utilizadas de acordo com as leis biológicas e ecológicas, serão elas as poderosas aliadas para se reverter esse grave conflito digital e retomar o caminho do equilíbrio socioambiental desse deslumbrante Planeta. Como toda e qualquer ferramenta ou instrumento, a forma de se usá-lo determina sua eficiência para o bem ou para o mal.

Mas, diante dessa conjuntura socioambiental reinante, surgiu outra pergunta: sob o ponto de vista biológico, qual seria, então, a função do homem moderno?

Distanciados do meio ambiente, deixamos de ter uma função biológica e o *Homo sapiens* pode ser considerado como ausente ou nocivo à manutenção da vida! E o que acontece quando a natureza se vê diante de um vazio ecológico? Conforme disse anteriormente, a natureza se encarregará de descartar essa espécie para continuar mantendo o Planeta vivo. Essas observações biológicas e ecológicas são as ferramentas mais que perfeitas para nos mostrar a necessidade urgente de buscar novos caminhos econômicos/sociais para a perpetuação da vida no Planeta. A luz que a ecologia anunciou pode mostrar os caminhos para a continuidade de nossa existência. Não apagar essa luz ecológica deve ser o objetivo maior da humanidade.

17 Retrospectiva Biológica

Tinha grande vontade de conhecer o Pantanal, permanecendo alguns dias por lá para observar aquela maravilhosa fábrica de vida e a interdependência entre o meio físico, os vegetais e os animais. Para começar a aventura, eu e minha esposa preferimos começar por Mato Grosso do Sul, pois poderia estender a viagem até a Bolívia. E assim, em abril de 1992, viajamos de carro até Corumbá. Já a partir de Campo Grande, ainda na estrada, deparamos com uma vegetação diferente e uma fauna exuberante. Vendo maravilhado aquele espetáculo desfilando diante de meus olhos, os conhecimentos de ecologia começaram a fervilhar em minha cabeça. A partir de Corumbá foi possível visitar diversos pontos daquele bioma especial, inclusive navegar pelo majestoso Rio Paraguai, repleto de histórias, aventuras, cobiças e guerras. Deixamos nosso carro no hotel em Corumbá e, de táxi, fomos até Puerto Quirrajo (distante cerca de 8 quilômetros), porta de entrada para a Bolívia. Nessa cidade pegamos o famoso "trem da morte". De trem atravessamos o pantanal boliviano até a cidade de Santa Cruz da La Sierra. Após 10 dias de observações nesse majestoso ambiente, fizemos a viagem de volta, novamente de trem até Puerto Quirrajo e depois de carro até nossa casa.

Em agosto de 1995 foi possível fazermos outra grande viajem ao Pantanal, agora a partir de Cuiabá. Fomos de carro também, pois é uma forma de conhecer melhor os detalhes no entorno da estrada e das pequenas cidades por onde passamos. A primeira parte da viagem foi visitar a belíssima Chapada dos Guimarães, com sua flora e fauna especiais. A segunda parte foi revisitar o Pantanal, agora dirigindo pela Transpantaneira, uma boa estrada de terra, até Poconé e Pixaim. De carro, a pé ou de barco pude conhecer os meandros da vida. Ao me sentir envolvido pela majestosa biodiversidade ali existente, lembro-me do momento que percebi que o DNA é realmente o modelo da vida, uniformizando não só o comportamento como as necessidades básicas das espécies. A constituição genética (o genoma) define e identifica a espécie, porém todos os seres vivos, inclusive nós, repetem os mesmos padrões de comportamento e de competição inter e intraespecífica pelo alimento, pelo abrigo e pela reprodução. Basta observarmos nosso entorno, na cidade ou no campo, que encontraremos essa incrível similitude entre os seres vivos.

Essa viagem ao Pantanal, a partir de Cuiabá, foi incrível, pois a terceira parte dela foi concluída em Goiânia, onde estava ocorrendo o 14º Congresso da Sociedade Brasileira de Parasitologia. Nessa oportunidade, lancei a 9ª edição do *Parasitologia humana* e participei, como orientador, da banca da tese de Mestrado da Profa. Heloísa Garcia da Silva, pertencente ao Departamento de Parasitologia da Universidade Federal de Goiás.

Em março de 1989 tive a oportunidade de passar por outra experiência ambiental enriquecedora, que fortaleceu minhas observações sobre a similitude do comportamento dos seres vivos. Foi na Amazônia, melhor dizendo, em Rondônia. A hidroelétrica de Samuel, no Rio Jamari, estava prestes a ser inaugurada e o lago formado inundou uma parte da floresta, colocando em risco de vida uma grande quantidade de animais terrestres e arborícolas. Foi então desenvolvido um enorme programa de resgate desses animais, que após serem examinados em uma bem equipada quarentena seriam novamente liberados em outra área da floresta – Reserva Biológica– livres de inundações e perseguições humanas. Mesmo consciente e triste pela inundação e perda de uma grande área florestal, foi uma experiência diversificada, pois além de me envolver com o resgate e liberação dos animais, pude estudar no hospital instalado no amplo e bem equipado acampamento da construtora os casos de malária e leishmaniose humana. Durante a semana que por lá passei cheguei às mesmas conclusões sobre a *sinergia vital* e o DNA como modelo da vida.

Em verdade, essa estadia na Barragem de Samuel foi tão intensa que ao retornar escrevi um romance denominado *Renascendo em Rondônia* (Editora UFMG, 1990), o qual se esgotou rapidamente.

Essas viagens em ecossistemas tão exuberantes foram fundamentais para desenvolver minha ideia sobre a semelhança de comportamento dos seres vivos. Mas não foram os únicos ecossistemas onde pude estudar e avaliar a relação entre os seres vivos. Fiz trabalhos e observações muito interessantes também na caatinga, na mata atlântica e no cerrado. Nesse último ecossistema, em 1979, adquiri uma área de 3 hectares, denominada "Retiro das Flores". Situava-se às margens da Represa de Furnas, no município de Pimenta, MG, onde o proprietário cultivava arroz. Durante os 2 primeiros anos continuei com a mesma atividade, alugando trator para arar e plantar e colheitadeira para colher e ensacar a produção.

Minha esposa e filhos se empolgaram com a belíssima área, especialmente por ter como limite frontal 500 metros de contato com as águas do enorme lago de Furnas. Essa "praia" nos estimulava a fazer acampamentos frequentes, até construirmos um pequeno rancho onde poderíamos passar férias com mais conforto, mesmo não tendo energia elétrica. Separamos então 5 mil m^2 para a construção e o plantio de um pomar, deixando os restantes 25 mil m^2 para observar a regeneração espontânea da flora típica do cerrado. Foi uma experiência riquíssima, pois durante os 20 anos que lá frequentamos, pudemos acompanhar o surgimento de plantas pioneiras seguidas da vegetação típica daquele belíssimo ecossistema. Assim, nos 3 primeiros anos a vegetação predominante era gramíneas variadas, além de assa-peixe, araçás rasteiros e inúmeros outros vegetais de pequeno porte. Aos poucos foram surgindo arvoredos e árvores de maior porte, como o barbatimão, jatobás, gabirobas, pequizeiro e diversas outras espécies cujo nome desconheço, formando uma bonita cobertura arbórea. E durante todo o processo de regeneração do cerrado foi possível observar entre os vegetais comportamentos de competição por espaço, por alimento e reprodução.

Mas essas observações não foram feitas somente em terra. Foram também realizadas no imenso e belíssimo lago. Aí sim foi possível observar com nitidez o contraste entre a beleza cênica do espelho d'água, ampliado pelo gracioso sobrevoo das garças, dos socós, dos iriris e dos biguás, com a competição e luta de vida e morte dos componentes da flora e fauna aquática. Usualmente nos deleitamos com a aparente tranquilidade superficial e nos esquecemos dessa realidade submersa.

Em verdade, foi observando ambientes assim que me convenci que o modelo de vida existente baseado no DNA é a causa primitiva das lutas e dos contundentes comportamentos humanos. Conforme Adam Rutherford escreveu: "A vida é um sistema espantosamente conservador. O DNA é a mesma coisa em todas as espécies; as letras do código são todas as mesmas; a criptografia no código genético são todas as mesmas." Se a vida é marcada por essa identidade, de uma maneira bem simples podemos fazer uma analogia na semelhança do comportamento básico de todos os seres vivos. Todo ser vivo, qualquer que seja ele, independentemente do tamanho ou do ambiente onde vive passa pelas mesmas etapas da vida: nasce, alimenta, cresce, reproduz, morre e precisa ser reincorporado na roda da Natureza. Por outro lado, podemos comparar a vida de qualquer animal e os humanos, correlacionando-os com as belezas cênicas naturais e as construídas por nós. Enquanto na natureza há uma permanente luta de seus componentes no cotidiano da vida (predação, competição, carnivorismo), entre os humanos também ocorrem lutas (competição, escravidão, dominação, imperialismos) no cotidiano da vida e para a construção de nossas belezas. Já pensaram nas guerras, na exploração humana e no imperialismo aviltante que estão por trás das belezas e encantos de palácios, castelos, catedrais, templos os mais diversos, praças, monumentos e museus? Pois aí estão registradas as marcas indeléveis, muitas vezes recheadas de crueldades, de grandes comerciantes, empresários, ditadores, reis, imperadores, guerreiros, papas e bispos que as construíram. Ou seja, quer seja observando um ambiente natural ou um castelo, cujas belezas nos encantam, todas são fruto do mesmo modelo competidor, predador e dominador.

Antes de mostrar a hipótese mais aceita de como a vida surgiu em nosso Planeta, acho importante dizer que considero a teoria evolutiva de Darwin fantástica, pois existem evidências que a comprovam e permitem entender o sistema biológico do Planeta. A hipótese como surgiu a vida e a teoria evolucionista de Darwin se completam. Em verdade, o processo evolutivo é constante e contínuo, desde os primórdios da vida até nossos dias, e seguirá ocorrendo enquanto houver vida no Planeta.

E como a vida surgiu? Existem diversas explicações, desde as teológicas até as científicas. De um modo geral, todas as explicações que imputam a um Deus a responsabilidade sobre os mais variados fatos ou eventos relativos à vida são fantasiosas e irreais. Ou seja, são explicações simplistas, capazes de produzir grandes impactos nas pessoas, gerando medo e submissão, e a religião que as explicita oferece consolo, apoio e esperança aos fiéis. O ciclo se fecha e a humanidade se perpetua sob os desígnios do criador (da religião...). Já a explicação científica nos mostra "que os sistemas vivos são feitos dos mesmos elementos químicos que compõem o restante do universo e de acordo com os princípios físicos que também se estendem ao reino inanimado" (Godfrey-Smith, Metazoa, Ed. Todavia, 2022). Segundo a hipótese mais aceita, há cerca de 3,8 bilhões de anos, em alguns pontos especiais, provavelmente em algum pântano ou mangue quente, a vida teve início. Foi o momento de esplendor para o Planeta, "representado pela transformação da química em biologia". Nesses primórdios, os fenômenos vitais ocorreram muito lentamente, somando e acumulando fatos, coincidências e circunstâncias, demandando milhares de anos, de erros e acertos como em todo processo evolutivo. A rica disponibilidade de elementos químicos presentes nesse caldo permitiu a aglutinação de alguns componentes, formando moléculas de aminoácidos que, unindo-se, deram origem a compostos orgânicos (proteinoides) estáveis. Nessa fase, um passo fundamental foi a formação de aglomerados de células buscando colocar uma ordem funcional, promovendo um fluxo correto de nutrientes, com excreção e reprodução. Esse aglomerado de células organizadas apresentou a grande vantagem de serem menos vulneráveis do que se estivessem dispersas. Talvez mais alguns milhares de anos essas células organizadas se tornaram capazes de autoduplicar-se, isto é, realizar a duplicação do material genético. Esse material genético – gene – é a chave do início da vida, pois é a unidade funcional da hereditariedade, que consiste em fragmentos do DNA. Esse DNA, sendo o modelo da vida inicial e permanecendo como modelo da vida atual, é a marca registrada de todos os seres vivos existentes no Planeta. Ou seja, todos os seres vivos, inclusive nós, são resultantes dos processos evolutivos e adaptativos entre si e com o meio físico onde vivem. "A vida é perturbadoramente diversa, tendo como modelo único a célula, multiforme e multifuncional; contudo, todas elas são basicamente a mesma coisa". E o DNA contém todos os segredos e soluções para a reprodução, manutenção e possibilidades evolutivas dos seres vivos que integram os fabulosos sistemas ambientais. Tudo indica que o DNA tem algumas características muito interessantes. Talvez a primeira delas seja a possibilidade que em seus primórdios o DNA tenha tido maior capacidade interativa e colaborativa entre as formas de vida existentes do que competitividade, a qual perdura até nossos dias. A segunda característica foi a capacidade de engendrar diversas formas reprodutivas para garantir a perpetuação e a dispersão das espécies. Assim podemos encontrar desde diversificadas formas de reprodução assexuada até complicadíssimas formas de reprodução sexuada, inclusive com associação das duas formas em algumas espécies. Já até ouvi dizer de forma jocosa que "a vida é uma doença sexualmente transmissível e 100% letal". Por outro lado, com relação ao *Homo sapiens*, pode-se afirmar que somos uma espécie que se tornou muito competente na reprodução e nos cuidados com a prole, porém com baixíssima habilidade em cuidar do bem-estar coletivo e na aceitação de identidades culturais distintas. Esses aspectos biológicos podem explicar nossa incrível dispersão pelos mais diversos biomas, termos atingido 8 bilhões de habitantes e jamais termos conseguido organizar uma sociedade estável, livre de guerras e constantes disputas ideológicas e teológicas. E sabem por que não foi possível para a humanidade fugir dessas disputas? Porque no jogo das loterias hereditárias, em nosso genoma ainda persistem genes que induzem comportamentos de dominação. As utopias ideológicas, teológicas e científicas, ao estimularem ganhos comerciais, deixam de ser utopias positivas e passam a ser instrumentos de dominação. Basta examinar a realidade que nos cerca para constatar a razão de nossa triste história. Briga de judeus e árabes? Não, guerra de interesses de quem é mais esperto, mais ambicioso e mais poderoso, mas divulgada como briga da Torá contra o Alcorão. E os súditos sofrem há milênios! Em verdade, o *Homo sapiens* tem sido a grande vítima da sociedade que construiu!

Retomando a retrospectiva biológica pura, podemos ver que durante esse processo criativo e reprodutivo e ao longo dos bilhões de anos até nossos dias, todas as espécies, quer sejam vírus, fungos, bactérias, protozoários, vegetais e animais (inclusive nós), seguem determinadas leis que mantêm o grande diferencial de nosso Planeta: possuir e manter a vida! Manter o gene vivo é a razão maior da existência da espetacular biodiversidade, pois ocupando os mais diversos ambientes do Planeta, caso ocorra uma hecatombe, existe a chance de alguma espécie sobreviver e reiniciar todo o processo evolutivo. Assim, cada espécie, por menor que seja, é o grande reservatório do gene, isto é, da semente da vida.

A natureza segue uma cadeia de eventos envolvendo o meio físico, as estações do ano, as alterações climáticas, as convulsões ambientais (ciclones, terremotos, vulcões, tsunamis), a cadeia alimentar, a relação entre as espécies, as ações predatórias humanas. As respostas de preservação ou de regeneração ambiental seguem um padrão que a ciência interpretou como leis. São dezenas delas que dão embasamento aos biólogos, ecólogos, agrônomos e veterinários para entender a natureza, permitindo proposições corretas na utilização de seus recursos ou promover sua recuperação quando agredida. É importante salientar que na natureza as espécies vivem em uma permanente luta pela sobrevivência, assim como ocorre conosco (viver é lutar), pois o *Homo sapiens,* quer queira ou não, é também um componente da cadeia biológica. Na natureza, assim como em nossas sociedades, existem momentos de equilíbrio –denominados clímax – que podem ser quebrados por fatores diversos, especialmente pelas convulsões ambientais ou guerras. Minha intenção de tecer esses breves comentários sobre a dinâmica da natureza é para mostrar que, sob o ponto de vista biológico, nossa espécie não está acima das demais, pois simplesmente somos integrantes desse fantástico fenômeno denominado vida! Caros amigos, por esse motivo é fundamental que os responsáveis pelo comando da humanidade e a humanidade toda entenda os motivos pelos quais é imperativo vivermos dentro das leis que regem a natureza! Acredito que precisamos ter fé nesse conceito para alcançarmos o merecimento de continuarmos nesse paraíso terrestre.

E quais são as leis responsáveis pela manutenção da vida? Para o objetivo desse capítulo citarei 6 leis básicas:

a) **Capacidade reprodutiva:** cada espécie desenvolveu uma forma de reprodução, através da qual a vida possa ter continuidade.

b) **Interdependência:** a vida é uma ampla e intricada rede permanente de espécies, mutuamente dependentes entre si e com o meio físico onde vivem. Ou seja, os seres vivos (componentes bióticos) e os elementos não vivos (componentes abióticos) se interdependem totalmente. É uma corrente imensa, na qual cada elo para seguir vivo depende da ação e função do elo anterior e posterior.

c) **Reciclagem:** a reciclagem dos componentes bióticos e abióticos é permanente e contínua, permitindo a circulação e renovação dos componentes químicos das espécies. Daí a sequência da vida: reprodução, nascimento, maturidade e morte. Conforme já disse Lavoisier (1743 a 1794) "na natureza nada se cria, nada se perde, tudo se transforma".

d) **Função ou nicho ecológico:** é a atividade ou função que uma espécie desempenha no local onde vive, isto é, no ecossistema. É um papel fundamental para o equilíbrio ambiental. Caso essa espécie desapareça, cria-se o "vazio ecológico" que é prejudicial ao equilíbrio daquele ecossistema. Quando mais de uma espécie desempenha a mesma função há competição por diferentes aspectos: pela luz, pelo espaço, pelo alimento, pela busca do parceiro reprodutivo. Nessas situações pode ocorrer a predominância da espécie mais forte ou que se reproduz mais rápido, prejudicando o equilíbrio ambiental.

e) **Pressão evolutiva:** todos os seres vivos formados ao longo dos tempos descendem de um ancestral comum. As alterações ambientais, as necessidades de melhor interação entre os indivíduos e a demanda de melhor desempenho (função) usualmente são os principais fatores que exercem pressão evolutiva capaz de promover alterações genéticas e anatômicas na nova espécie. Acredito ser muito importante esclarecer que o processo evolutivo não ocorre com uma intenção, com um objetivo. Em verdade, existem fortes indícios que algumas etapas evolutivas não vingaram, enquanto outras foram bem-sucedidas, cumprindo sua função biológica.

f) **Regeneração:** ao longo dos bilhões de anos que existe vida na terra, as condições ambientais se modificam periodicamente, assim como enfrenta desafios constantes, tais como terremotos, vulcões, incêndios, tsunamis, tempestades. A capacidade de regeneração é a garantia da continuidade da vida e essa capacidade regenerativa varia desde a cicatrização de uma lesão até a recomposição de um bioma.

Dessas 6 leis descritas, existem 3 que precisam ser destacadas, pois são fundamentais: *Reprodução, Reciclagem* e *Regeneração*. São três palavras iniciadas com "Re", indicando que elas "regem" os caminhos da humanidade. E como poucos conhecem as leis que regem a natureza, a humanidade ainda não conseguiu enxergar a direção certa para alcançar o destino do equilíbrio social e ambiental. Eis aqui a grande questão: como proceder para que cada cidadão, independentemente de sua classe social ou do nível de escolaridade, assuma o papel de agente da restauração do Planeta? Como disse anteriormente, a preservação da vida é o desafio maior da humanidade atualmente. Só por meio da participação popular e da elite dirigente será possível uma mudança radical em nossa forma de viver. O momento desse grande salto para a posteridade é agora.

Ao avaliarmos nossas vidas é possível perceber que assim como a natureza, nós também somos marcados por diferentes formas de pressão. Ou seja, o *Homo sapiens* evolui tanto pelas suas ações e omissões como pelas dificuldades enfrentadas ao longo da vida, promovendo nosso amadurecimento e crescimento como indivíduos e cidadãos. Mas, por outro lado, determinadas pessoas ao invés de crescerem e se tornarem cidadãos úteis para a sociedade, insistem em seus erros, em suas convicções malévolas, retrógradas e egoístas, conforme vimos as "marionetes" manipuladas pelos vândalos destruindo a capital de nosso país. Em verdade, representam a escória de uma sociedade. São vidas desperdiçadas. São vidas pequenas, circunscritas a objetivos limitados ao sucesso pessoal, esquecendo-se do conjunto da humanidade onde estão inseridos. Não possuem o sentimento de coletividade, pois o egoísmo os coloca a serviço de si próprios e do grupo a que pertencem. Mesquinhos por formação.

Em 1999 decidimos vender o Retiro das Flores. Havia chegado a hora de residirmos na Chácara Rancho Alegre. Poderíamos usufruir de uma área silvestre dentro de um ambiente urbano. Seria um laboratório completo para fazer observações biológicas, sociológicas e teológicas! Em verdade foram vivências cotidianas que completaram as observações biológicas e foram decisivas nas mudanças em minhas convicções teológicas. Acredito que foram transformações profundas, na forma e no conteúdo. Comecemos pelo início.

18 Retrospectiva Teológica

Realmente, a longevidade permite conhecer melhor o mundo e nos ensina a distinguir o bom do ruim, o útil do supérfluo, o verdadeiro do falso. Agora, aos 85 anos de idade, relembro que quando criança aprendi a cultivar valores ou convicções familiares e sociais que me acompanham até hoje. Acontece que muitas vezes são convicções tão fortes que não admitimos discordâncias, podendo nos levar ao fanatismo. Mas se a convicção for fruto de uma informação errada ou do desconhecimento da verdade, ela permanecerá ou poderá ser abandonada? E se ao longo da vida e diante da aquisição de novos conhecimentos duvidarmos ou repelirmos as convicções antigas, isso representa fraqueza de caráter ou manifestação de sabedoria? Respondendo a essas questões com sinceridade, digo que antigamente considerava mudar de opinião ou abandonar convicções como uma fraqueza de caráter, mas com a idade passei a considerar mudanças como demonstração de amadurecimento. Novos conhecimentos levam a novas posturas, que por sua vez constroem a sabedoria. E o que é sabedoria? Eu a entendo como o acúmulo de conhecimentos antigos, associados aos recentes, tendo a capacidade de distinguir o falso do verdadeiro. Além disso, a sabedoria demonstra capacidade de modificar, substituir ou suprimir valores e convicções quando novos conhecimentos apontam para uma direção diferente. A sabedoria, portanto, é a ferramenta certa para subjugar o fanatismo, mas demanda maturidade, coerência e flexibilidade. E o fanatismo é decorrente de estreiteza intelectual.

Acredito que as modificações em minhas convicções religiosas se devem à comparação e associação das leis biológicas e sociais ao comportamento de plantas, bichos e humanos. Essas comparações e associações me mostraram caminhos diferentes para entender o comportamento humano afetado pelos dogmas e preceitos religiosos. Outro aspecto relevante se refere à diferenciação que faço entre valores positivos, como solidariedade, respeito, altruísmo, ponderação, flexibilidade, lealdade e comportamentos negativos, como egoísmo, inveja, arrogância, falta de caráter.

Foi a partir da intenção de seguir os valores positivos de nossa espécie que se tornou mais fácil compreender e interpretar o mundo que vivemos e o sentido de nossa vida. Foi dessa forma que, aos poucos, modifiquei e suprimi convicções e hoje posso dizer que a biologia me conduziu e me fez uma pessoa tranquila, consciente de minha origem, de minha função e meu destino como um habitante ativo desse fantástico Planeta.

Ao longo da vida percebi que em uma sociedade é o outro que nos fortalece, nos completa e nos dá identidade, mas também é o outro que mostra nosso limite e também nos agride. E qual a razão dessa dicotomia, dessas funções complementares ou contraditórias do outro? Novamente a resposta está no DNA. Em determinado momento da vida, o ser vivo necessita de outro parceiro para se fortalecer e continuar existindo, mas pode também se tornar seu concorrente, seu opositor. É por essa razão que só formamos grupos ou tribos harmônicas enquanto participamos coletivamente de ideais ou interesses comuns, como torcidas de futebol, ideologias e teologias. Dentro desses grupos é o outro que me reforça e me completa, garantindo o sentido de minha existência. E o sentido da vida precisa ser valorizado a cada momento, pois "o aqui e o agora" é o momento mais importante de nossa trajetória. O passado já findou e o futuro não chegou. Mas a vida não pode ser resumida nesse momento glorioso do "agora", como a frase que estou escrevendo, pois ela tem um passado e um presente, os quais interferem na construção do nosso futuro. Mas a biologia explica o "aqui e agora" como o momento glorioso ao mostrar que a vida é um ciclo contínuo de momentos, uma sucessão de fases que definem os períodos do nascimento à morte. Assim, as bem-conhecidas fases vitais da borboleta (ovo, lagarta, pupa e adulta) são os momentos mais importantes da vida desse gracioso inseto. E ao observarmos a trajetória do voo de uma borboleta, à primeira vista, parece ser um voo despreocupado, sem destino certo. Mas se procurarmos observar esse voo com olhar atento e livre de preconceitos ou descaso, veremos que ele tem objetivo e direção certos. Em cada um desses momentos, a borboleta e nós exercemos a vida em plenitude, e, por isso, merece toda nossa atenção e dedicação.

E para ter certeza sobre as novas convicções adquiridas, busquei informações seguras lendo livros de autores conceituados, especialmente os filósofos. E entre esses, destaco Eduardo Giannetti, sempre preocupado em entender as inúmeras facetas do comportamento humano. Em seu mais recente livro, *O anel de Giges*, descreve a lenda divulgada por Platão, através da qual um camponês passa ter a possibilidade de se tornar invisível. E, assim, diante dessa incrível característica, Platão e Giannetti analisam com maestria como essa situação interfere no comportamento de Giges, similar a qualquer outro ser humano.

Conforme descreveu Platão, no século VII a.C. no império da Lidia (onde hoje se localiza a Turquia), vivia tranquilamente um camponês conhecido por Giges. Após um grande terremoto, Giges estava pastoreando suas ovelhas, quando dentro de uma enorme fenda no solo viu um cadáver nu portando um anel de ouro no dedo, com um engaste de pedra saliente. Recolheu o anel e colocou-o em seu próprio dedo, feliz com o achado.

Passados alguns dias, Giges participava de uma reunião de camponeses quando girando o anel no dedo, colocando a pedra para o interior da mão, descobriu que nessa posição o anel o tornava invisível! Nesse momento, percebeu que seus companheiros continuaram a reunião como se ele não estivesse presente. Rodando o anel para sua posição correta, voltou a ser visível. Repetiu diversas vezes o gesto de girar o anel e estupefato confirmou sua desconcertante descoberta. E com esse poder de se tornar invisível e visível, aproveitou as oportunidades e rapidamente se tornou uma pessoa especial, galgando cargos importantes no império até que assassinou o rei assumindo o poder imperial. Ou seja, "o anel da invisibilidade atiçou a fera da ambição desmedida", levando Giges, um humilde camponês, a buscar a glória e o poder.

E por qual motivo relatei a lenda do anel de Giges? Exatamente porque no desenrolar das 300 e belas páginas do livro, tanto Giannetti quanto Platão inutilmente tentam, segundo uma visão filosófica ou psicológica, explicar os contrastes gritantes e permanentes de nossa conduta diária e dos absurdos históricos que cometemos individualmente ou em grupo. Não conseguiram explicar porque lhes escapou a constituição genética de nossa espécie.

O *Homo sapiens* possui características psicológicas inerentes ao nosso DNA que modulam nosso comportamento, sempre guloso, desejando ultrapassar o alcançado. Por mais comedidos, cautelosos, prudentes e educados, sempre somos parciais, subjetivos, curiosos, insatisfeitos e insaciáveis. Dessa forma, nossos limites estão onde está o fim do arco-íris: sempre mais distante, pois quando estamos pertos de alcançá-lo, descobrimos que está adiante. E assim caminha a humanidade, sempre desejando mais, independente da classe social.

Em razão dessas características foi necessário criarmos leis regulatórias sociais, impondo regras e limites à população. Já as religiões, também organizadas com propostas controladoras, foram criadas com objetivos diferentes. A partir da consciência da finitude da vida, nossas características psicológicas nos levaram a buscar a possibilidade de continuidade e expansão após a morte. Essa inventiva solução pode acomodar ou ajustar nossas características psicológicas com o hipotético prolongamento da existência. Mas para que essa solução seja lógica e plausível foi necessário criar deuses, isto é, divindades poderosas e onipresentes. Até esse ponto, a criação de uma religião é compreensível, pois dá conforto e apoio aos fiéis, porém a partir do momento que passa a "ser mantida e estruturada pela casta sacerdotal, que institui o papel intermediário entre seres temíveis e o povo, fundando sua hegemonia", por meio de normas (dogmas) de conduta, a religião se tornou um instrumento de dominação e poder. Pior ainda quando se transforma em um amplo movimento político/moralista/eleitoreiro/hipócrita/populista/extremista.

Mas o cristianismo tem um aspecto interessante. Segundo nos foi ensinado, Jesus veio para salvar os pobres, os perseguidos pelos romanos e pelos judeus poderosos. "O povo era realmente como um rebanho sem pastor, vivia à espera da chegada do Reino." E "quem tem ouvidos para ouvir, que ouça" as verdades ditas pelo Mestre, mas com o passar dos tempos o cristianismo se tornou uma religião poderosa, aliando-se aos príncipes e comerciantes. A partir desse poder imenso, esse cristianismo transformou-se em um catolicismo alienado, submisso e conivente com reis, imperadores ou generais. Basta ver a prepotência e a crueldade com que, em nome da evangelização, promoveu a "colonização" das Américas, África, Austrália. Esqueceu-se de suas origens e aprovou todas as formas de dominação, espoliação e genocídio. Por outro lado, reconheço que, nos últimos anos, algumas lideranças católicas tentam se redimir, adotando ações e atitudes positivas e corajosas na defesa dos mais pobres e desvalidos. Como exemplo, encontramos o Papa João XXIII, o Papa Francisco, a Teologia da Libertação, as Comunidades Eclesiais de Base, o Padre Júlio Lancellotti e seu apoio aos moradores de rua. Sei que esses movimentos renovadores da igreja enfrentam uma oposição maligna de organizações católicas e evangélicas conservadoras, mas ainda assim lutam para soerguer o ideal cristão perdido. Mas no cotidiano, o fiel cristão está muito distanciado da pregação do Mestre, não se preocupando em ser o "sal da terra". Falta-lhe coerência entre a teoria e a prática. Luta pelo lucro e pelo poder, novamente se associando a lideranças espúrias e ignóbeis. O catolicismo perdeu sua identidade, força e representatividade, mas o cristianismo evangélico que está crescendo e prevalecendo atualmente esqueceu suas origens e se submeteu às forças do mercado e a uma interpretação bíblica conivente com o poder político/moralista hipócritas. Pela conduta histórica desses cristãos e de suas lideranças, a cobiça pelo poder desvirtuou a proposta de equilíbrio. Desvinculou-se do compromisso do bem-estar coletivo e se aliou aos interesses radicais da direita irracional.

O cristianismo que está prevalecendo e assumindo poderes de mando é estarrecedor. Como que copiando a força ditatorial do catolicismo, desde a idade média até o pós-guerra, as igrejas neopentecostais, retrógradas e fundamentalistas estão assumindo esse papel de mando. Assim como a igreja católica fez, estão milimetricamente infiltrados na população urbana e rural. Usam a fé como moeda viva, oferecendo curas e prestígios divinos conforme o valor do dízimo pago pelo fiel. Associados a políticos e a empresários interessados nos votos e nos lucros garantidos, manipulam leis e conceitos ultrapassados, influenciando e doutrinando seguidores fanatizados. O resultado é o surgimento de seguidores desprovidos de lucidez, manipulados segundo conceitos daninhos ao equilíbrio social, ávidos para impor as vontades eivadas de objetivos antidemocráticos, com base em um falso moralismo bíblico. Ou seja, está em curso uma nova Teologia do Poder, arquitetada pela extrema direita e com narrativas divinas, atuando nos bastidores dos poderes republicanos e na população inculta. Montou um quebra-cabeça fundamentalista, desarticulando o esforço coletivo para a reconstrução da sociedade e do meio ambiente. Estamos vivenciando momentos de retrocesso evolutivo, comandados pelos genes primitivos dos pré-hominídeos.

Talvez a humanidade tivesse seguido um caminho mais harmônico, construído uma história mais digna se as pessoas tivessem sido estimuladas a assumir a responsabilidade de seus atos, sem intervenção de santos, missas, cultos e orações, respeitando o semelhante e as leis regulatórias do bem-viver. Seria assim um "fiel" verdadeiro ou, melhor dizendo, um "cidadão engajado" atento aos desejos da comunidade a qual pertence. O outro seria seu espelho e seu cúmplice para o bem coletivo.

Já havia lido algo semelhante a essas ideias sobre os países escandinavos, cuja maioria (70 a 80%) da população é formada por ateus e me interessei em conhecer melhor a realidade quando estive visitando a região em 2018. Sim, circulando por diferentes formas de transporte público e ambientes variados, ao conversar com cidadãos comuns foi possível constatar as ideias mencionadas. Realmente, surpreendi-me com as elevadas taxas de ateus na população: Suécia (85%), Dinamarca (81%) e Finlândia (72%). São sociedades tranquilas, economicamente desenvolvidas com distribuição de renda equilibrada. Além disso, apresentam os mais elevados índices de satisfação coletiva do mundo. Interessante que anos antes (1998), ao visitar o Japão, cuja população apresenta 77% de ateus, também pude notar a riqueza do país e a satisfação da população. Entretanto, o Japão, conforme já disse, cultiva uma antiga religião, o xintoísmo. É peculiar por ser politeísta, cujas divindades, representadas pelas forças da natureza, estimulam as pessoas a se tornarem conscientes e engajadas no bem-estar da coletividade.

A biologia nos ensina que os animais possuem um DNA similar à de nossa espécie, porém prescindem de uma dependência teológica. Assumem seus atos e cumprem sua função biológica. Têm consciência da finitude da vida, aceitando essa fatalidade com naturalidade, porém lutam com todas as forças pela preservação da vida. Talvez, sem traumas e sem dogmas amedrontadores, suas atitudes sejam mais coerentes consigo mesmo, respeitando suas comunidades e as leis da natureza, vivendo livres, leves e soltos.

Como já disse, desde muito jovem fiz parte de movimentos católicos ligados à construção de uma sociedade cristã, justa e equilibrada. Conforme Jesus pregou, procurava ser um cristão útil, um cidadão capaz de ser o "sal da terra". Esses ideais permanecem em mim até hoje, buscando ser coerente entre os valores adquiridos na juventude e a prática da vida de um cidadão comum. Por outro lado, assusta-me a pregação da direita radical, toda ela tendo como escudo o neopentecostalismo e o catolicismo conservador. Esmeram-se numa lógica binária e maniqueísta promovendo uma constrangedora manipulação da Bíblia. Associam política e religião, mobilizando multidões previamente sensibilizadas através das redes sociais, defendendo atitudes totalitárias, teocráticas e fundamentalistas. Adotam uma servidão voluntária a serviço dos donos do poder. Fazem movimentos públicos chamativos condenando o aborto, sem saber diferenciar a descriminalização (isto é, tirar o aborto do rol de crimes e assim defender a mulher violentada) da legalização (como se fosse estimular a prática do aborto). Mas essas mobilizações jamais condenam o feminicídio, a homofobia e a fome ou o desnível social. Com habilidades e espertezas, desviam a atenção dos verdadeiros problemas sociais e criam uma tecnocracia da informação, veiculando falsas informações, com narrativas polarizadoras distorcidas e teorias conspiratórias capazes de promover uma guerra cultural. E repetem o refrão costumeiro em defesa da vida, da família, da propriedade, dos costumes e medo ao comunismo. Enfim, essa guerra cultural deixa bem claro que o ódio é o motor da extrema direita, pois funciona, é lucrativo e está conseguindo atingir seus objetivos de dominação. É na esteira desse medo de perder seus privilégios que as alas conservadoras das igrejas e a sociedade civil criaram associações e estratégias lícitas e ilícitas como formas de defesa e enfrentamento. Interessante que essas associações passaram por um dilema típico: inicialmente mentir em nome de Deus para defender os costumes e a sociedade, e depois dizer a verdade em nome de seus interesses para manter o poder e a glória pessoal. E assim foram criadas a Tradição, Família e Propriedade (TFP), o Mundo Novo, a Teologia da Prosperidade, a Associação de Homens de Negócio do Evangelho Pleno (ADHONEP), originada nos Estados Unidos, e outras. Tudo o que mencionei eu pude perceber ao participar, como convidado, de um jantar da ADHONEP. Foi uma experiência riquíssima de aprendizagem, mas também estarrecedora...

Em verdade, os avanços sociais e políticos promovidos pela teologia da libertação no final do século passado ampliaram o medo dos setores conservadores e retrógrados das igrejas, pois sentiram seu poder, mordomias e privilégios abalados. Esse abalo levou as forças da direita a evocar costumes ultrapassados como conduta apropriada e, também, defender ações violentas físicas e psicológicas contra todos e todas as pessoas que não se enquadram em seus limites retrógrados. E partiram para o planejamento e organização da guerra cultural. Percebo que para esses conservadores intransigentes, a religião é o escudo divino que lhes dá legitimidade. Na época dos grandes descobrimentos, o missionarismo escondia ou legitimava os verdadeiros propósitos colonizadores da igreja católica. Hoje, as religiões conservadoras e retrógradas, especialmente as evangélicas, exercem o papel do escudo protetor, igual ao anel de Giges, tornando bispos, pastores e fiéis invisíveis para cometer os mais hediondos crimes: homofobia, misoginia, pedofilia, racismo, prepotência, destruição ambiental e pregação do ódio político. Em nome de Deus ou do Senhor Jesus, sentem-se protegidos para ações e palavras ignóbeis. Vivem segundo essa oração: "Venha a mim o vosso reino. Deus me salvará e o resto que se dane". Buscam o poder em benefício próprio, jamais pensando em uma sociedade justa, flexível e equilibrada.

Pois bem, os conhecimentos biológicos e as constatações dos ultrajantes crimes e falsidades praticadas pelas religiões ao longo dos séculos abalaram fortemente minha percepção das pregações teológicas. Quando no final de 2004 residi por quase 2 meses em Roma, foi possível conhecer as monumentais catedrais católicas, o Vaticano e seu Museu digno dos grandes impérios. E por falar em impérios, é triste rever a ligação umbilical de imperadores déspotas, de reis sanguinários e de gulosos comerciantes católicos com toda a gama de padres, bispos, cardeais e papas ao promoverem a colonização perversa de países americanos, africanos e asiáticos. Acredito que "tristeza" é um adjetivo muito ameno diante de tanta crueldade praticada. Não se pode ser impassível ou indiferente. Quem cala, consente; e eu não posso ser conivente com essas perversidades. Ou seja, as malvadezas praticadas em nome de Deus, ou por quem teria a obrigação de zelar pela grandeza do divino, transcendem o bom senso. Além desse mal-estar histórico, as devoções míticas induzidas pelas falsas práticas religiosas, reiteradamente adotadas para melhor controlar e confundir a população, comprovam os objetivos escusos que buscam atingir. Basta ver com olhos dispostos a enxergar e admitir o que disse ao visitar templos e grutas milagrosas, a cidade de Santiago de Compostela, os "locais santos" de Jerusalém, de Nazaré e as igrejas barrocas no Brasil. Representam um desrespeito às pregações do Mestre e à sensibilidade dos raros, honrados e corretos fiéis.

Tenho certeza que muitos leitores aprovaram o que escrevi quando buscava ser um cristão verdadeiro, talvez agora estejam jogando pedras em minhas considerações antirreligiosas. Mas acreditem, estou poupando as palavras para não agredir ninguém e peço desculpas se estou ofendendo alguém, mas se fui sincero antes, preciso ser sincero agora. Em verdade, acho fundamental esclarecer que considero as diversas religiões uma fórmula perfeita de consolo e de orientação para o bem-viver da humanidade, porém tenho repugnância pelas manipulações religiosas de seus representantes (sacerdotes, pastores ou rabinos) quando buscam poder e vantagens ilícitas em nome do Senhor Jesus. Essa repugnância me faz lembrar o desabafo de Ulisses (Odisseu) diante da destruição perversa de Troia pelos gregos e das dificuldades enfrentadas para retornar à sua terra, Ítaca. Disse ele: "Se os deuses estão permitindo tantas guerras e tantas atrocidades repulsivas seria melhor os humanos suspenderem suas adorações e louvores divinos."

Mas houve uma gota d'água que fez naufragar minha crença em Deus e nas religiões. Como disse, desde longa data tenho o hábito de ler a Bíblia, porém ao reler diversas vezes o Pentateuco, especialmente o Êxodo, ficaram evidentes minhas frustrantes conclusões sobre o poder divino, pois vi muita perversidade, ao contrário da esperada divina bondade. Nesses trechos bíblicos o que se encontra é um inacreditável Deus vingativo. De novo, é a luta pelo poder entre o Deus judeu e o Deus encarnado no Faraó. Já que Deus teve o poder de criar o mundo, não poderia ter livrado os judeus da escravidão (só os judeus eram escravos?) com menos crueldade? Basta ler o Êxodo que entenderá o que estou dizendo.

19 Juntando Retalhos

Quando, há anos, a leitura do livro *Geografia da fome* havia me mostrado o caminho para a escolha da profissão e senti-me tranquilo, imaginava que a humanidade, no futuro, também encontraria o caminho do equilíbrio. Quando, há poucos meses, pensei em escrever este livro imaginei uma conclusão poética, capaz de demonstrar minha convicção na efetiva evolução humana e conseguirmos construir uma sociedade justa e equilibrada. Não é esse o desejo maior de nossa espécie? Mesmo sabendo que o processo evolutivo é lento e sem um objetivo ou direção predeterminada, acreditava nessa possibilidade. Ledo engano. Avaliando melhor nossa longa trajetória, percebi que enquanto alguns atingem níveis elevados de valores positivos, outros repetem vilanias e mesquinharias, insistindo em atitudes e interesses desprezíveis. Como disse no primeiro capítulo, nosso comportamento permanece igual, mas acredito que temos nos esforçado para agirmos com mais moderação. Alguns exemplos positivos de sociedades e de comunidades renovam minhas esperanças, pois indicam que existem caminhos do bem. Além disso, os cidadãos comuns, lutando pelo pão de cada dia, buscam a paz e o entendimento. Adaptaram-se ao sistema e vivem de acordo com o padrão esperado. O que não é razoável, ou, melhor dizendo, o que não é admissível é o sistema aceitar ou se conformar com a miséria dos excluídos. Até quando a indiferença continuará afirmando que esses excluídos são assim por inércia ou preguiça. Muito cômoda e egoísta essa vergonhosa suposição. Existem sim os indivíduos desprezíveis, tresloucados, perturbadores da ordem, independentemente da classe social a que pertencem.

Esses sim são portadores de doenças mentais, resultantes de má formação genética. Compõem a ralé da humanidade.

Por outro lado, podemos perceber um esforço considerável para mitigar os grandes conflitos pessoais, sociais, políticos e econômicos. É uma demonstração de um processo evolutivo por meio de uma legislação regulatória, estimulando o diálogo e o equilíbrio. Infelizmente ainda ocorrem guerras sanguinárias, motivadas por desentendimentos econômicos e religiosos, decorrentes de radicalismos milenares totalmente distanciados dos processos evolutivos e totalmente promovidas e instigadas por interesses mesquinhos de lideranças ignóbeis. Repetem a receita de dominação e cometem os mesmos desatinos. São atitudes que desafiam os esforços de buscar um equilíbrio por meio da educação e da legislação regulatória. São atitudes que desviam o processo evolutivo, inibindo ou retardando a construção de uma sociedade justa e a inspiração para se escrever uma conclusão poética.

Mas essa inibição momentânea não me desanimou. Antes, pelo contrário, estimulou-me a pensar diferente e passei a questionar-me. Seria possível acelerar o processo evolutivo de nossa espécie na direção do bem, do bom e do belo? Conseguiríamos iniciar ou aperfeiçoar o processo de cura dessa mediocridade do mal, eliminando a ignorância cultural e romper com essa alienação religiosa retrógrada? Encurtaríamos o processo evolutivo, mas qual caminho seguir? Como romper essa persistente e hedionda morrinha? Os constantes desentendimentos entre as forças econômicas e religiosas algum dia conseguirão se entender e livrar a humanidade de guerras fratricidas? Atônito com tantos questionamentos, busquei fontes diversas. Precisava amenizar minhas letras. Freud conseguiria responder-me? Fui à sua procura e também não encontrei alento, pois percebeu que "a relação entre direito, poder e violência sempre pende para quem tem poder maior. Os detentores do poder se colocam acima dos demais e dos oprimidos" e não conseguem ser beneficiados pelas leis universais que poderiam defendê-los. Ou seja, os detentores do poder simplesmente seguem as determinações de um DNA primitivo que os levam a agir com instintos selvagens. Mas isso os abona ou reduz suas culpas ou responsabilidades? A biologia mostra que não, pois esse mesmo DNA também apresenta genes que lhes dariam outro comportamento, dariam-lhes lucidez para aplacar o desejo incontido de dominação. A cobiça se submete à selvageria. Dessa forma, a biologia conseguiu vislumbrar uma explicação, mas sabem quem me deu um alívio maior? Nada mais nem menos que Albert Einstein em seu livro *Como vejo o mundo*, escrito em 1953. Essa pessoa extraordinária, um dos cientistas mais lúcidos da humanidade, conseguiu tanto na física como na análise de nossa sociedade expor com clareza os caminhos e descaminhos de nossa espécie. E, assim, abusando de suas lições, repetirei ou comentarei alguns episódios de seu texto.

> "Minha condição humana me fascina. A cada dia sinto minha vida integralmente tributária do trabalho dos vivos e dos mortos. Dependo integralmente da existência e da vida dos outros. E descubro ser minha natureza semelhante em todos os pontos à natureza do animal que vive em grupo. Eu, enquanto homem, não existo somente como criatura individual, mas me descubro membro de uma grande comunidade humana, que me dirige desde o nascimento até a morte. Gostaria de dar tanto quanto recebo e não paro de receber. Vejo os homens se diferenciarem pelas classes sociais e sei que nada as justifica a não ser pela violência". Assim como cada pessoa e cada profissão tem um papel fundamental no bem-estar coletivo, na natureza cada ser vivo tem um papel fundamental para o equilíbrio ambiental. "Sou realmente um homem quando meus sentimentos, pensamentos e atos têm uma única finalidade: a comunidade e seu progresso. Minha atitude social, portanto, determinará o verdadeiro valor de minha vida para o bem da coletividade onde vivo".

Esses pensamentos mostram a grandiosidade de caráter e a consciência objetiva de pertencimento a uma coletividade. E ao mostrar sua preocupação com a coletividade responde a pergunta que para muitos não tem resposta: Qual é o sentido da vida? O sentido da vida é trabalhar pelo engrandecimento e bem-estar social. Conforme já disse em outro capítulo, a frase escrita por meu irmão Helvécio, por volta de 1968, indica com singeleza o caminho de cada pessoa para encontrar o sentido da vida: "Onde você se sentir gente participando com seu trabalho para o bem--estar coletivo, aí está seu lugar". Não seria esse *sentido da vida* o modelo evolutivo do DNA para nossa espécie atingir seu ápice e aí conseguir construir uma sociedade equilibrada?

E por que descobrir o *sentido da vida* é uma questão fundamental para o ser humano? Porque para atingirmos a tão procurada felicidade, veremos que ela só é verdadeiramente encontrada nos momentos que conseguimos nos colocar no lugar do outro, conseguimos participar do bem coletivo. Daí, o grande drama das sociedades ou dos projetos solitários de enriquecimento. A felicidade conquistada pelo uso inadequado e egoísta do dinheiro é fugaz e volátil. Não deixa marcas, demanda mais conquistas, sem jamais encontrar a satisfação plena. A biologia explica esse comportamento com maestria ao mostrar o comportamento das demais espécies: satisfazem-se com o necessário para viver bem cada dia. Não acumulam o desnecessário nem desperdiçam o necessário. E têm consciência de sua função nas respectivas comunidades. Como cheguei a essa conclusão? Foi assim.

Conforme já disse, graduei-me em veterinária em dezembro de 1964 e em agosto de 1966 passei a trabalhar como professor na Faculdade de Medicina da UFMG. Para sentir-me preparado em ser um professor confiável pelos alunos, senti necessidade em ampliar meus conhecimentos sobre o corpo humano. Afinal estava lecionando em uma faculdade de medicina. Conhecia o funcionamento do corpo de alguns animais, mas muito pouco sobre nossa espécie. Assim, dediquei boa parte de meu tempo estudando anatomia, fisiologia e patologia humana. Precisava conhecer o funcionamento de nosso corpo saudável e suas respostas diante de uma situação de doença. Esse aprendizado foi de grande importância para meu desempenho como professor e também como pesquisador, mas acredito que foi mais amplo ainda com relação à minha visão de conjunto da natureza, da nossa espécie e da sociedade que construímos.

Com relação à visão de conjunto, sempre contei em minhas aulas uma história intitulada *O elefante e os sete cegos*. É bem interessante e objetiva, pois mostra a impossibilidade de se chegar a um diagnóstico correto observando apenas um detalhe da situação. Vamos lá:

Em uma estrada poeirenta no interior da Índia, caminhava um guia orientando sete cegos, quando surgiu um elefante dirigido pelo seu dono. O guia preocupado em cuidar de seus amigos, avisou-os:

— Vamos aguardar o elefante passar para seguirmos nosso caminho. Ele é manso, mas pode se assustar. Vamos deixá-lo seguir, além do mais é um animal sagrado e precisamos respeitá-lo.

— Pois nunca "vimos" um elefante. Gostaríamos de conhecer esse animal sagrado. Dizem que é enorme e lindo. Disseram os cegos.

— Pois vou pedir ao dono se vocês podem se aproximar do animal e apalpá-lo.

— Podem sim, mas seria melhor se aproximar um cego de cada vez, pois é um animal novo e pode se assustar. Para facilitar posso ajudá-los no exame da forma que desejarem. Respondeu o dono com tranquilidade.

E assim, o primeiro cego da fila se aproximou do elefante, segurando em sua cauda. Voltou para seu lugar e exclamou, eufórico:

— O elefante é igual a um grande pincel, com um cabo móvel e cerdas grossas na ponta!

O segundo cego se aproximou e apalpou a perna do elefante, dizendo, animado:

— Nada disso, o elefante mais se parece ao tronco de uma mangueira, pois é duro e áspero!

O terceiro cego ao se aproximar do animal segurou em sua orelha e exclamou:

— Vocês estão enganados. Tenho certeza que o elefante se parece com uma enorme folha seca de bananeira, espessa e áspera!

O quarto cego ao fazer seu exame apalpou a barriga do elefante e disse:

— Que loucura vocês estão dizendo. Passei as duas mãos no animal e vi que ele é igual a uma parede áspera, que até arranhou meus dedos!

O quinto cego, já duvidando dos amigos, procurou ser mais cuidadoso no exame, mas o elefante já cansado de tanta gente no seu entorno, dirigiu sua tromba para o braço do cego, segurando-o. Assustado, esse exclamou:

— Que susto. Esse bicho aqui na minha frente é igual a uma píton, enorme, faltando pouco para se enrolar em meu corpo. Agora sei que o elefante é igual a uma cobra enorme e áspera!

A partir desse diagnóstico surgiu uma forte discussão entre os cegos, cada um jurando ter certeza do que havia identificado. E aí, diante de um clima tenso, aproximou-se o sexto cego, que segurou o marfim do elefante e, já nervoso, gritou:

— Vocês não querem dizer a verdade. Pior, são mentirosos e enganadores, pois esse animal é igual a uma espada redonda, pontiaguda e forte. Deve ser muito perigoso (talvez se esse fato tivesse ocorrido mais recentemente teria dito que o elefante era comunista).

A controvérsia se instalou no grupo, até que o sétimo e último cego foi levado ao elefante. Ao se aproximar disse: "Quero examinar esse animal com calma, pois não posso duvidar da seriedade de meus amigos. Deve ter havido algum erro nos exames que fizeram." E, assim, ao apalpar todo o elefante pôde descrevê-lo como realmente é. Seus colegas examinando apenas detalhes isolados se enganaram totalmente.

Diante dessa história do elefante, percebi que em geral analisamos nossas vidas, nossas sociedades e a natureza fracionadamente. Vemos uns detalhes e nos esquecemos de outros, talvez primordiais. E ao examinar o conjunto do "elefante onde vivemos" percebi uma similitude formidável dos detalhes que o compõe. A Terra é nossa casa comum e precisamos vê-la, conhecê-la e preservá-la em conjunto. Usá-la como propriedade individual foi o caminho que nos levou a esse beco sem saída que estamos vivendo. O Planeta demanda cuidados em seu conjunto. O Planeta é nossa casa, nosso refúgio e nossa segurança de continuidade. Não podemos nos perder em detalhes em detrimento do conjunto. E, assim, nos próximos capítulos tentarei mostrar esse conjunto comportamental e fisiológico terráqueo.

20 Similitudes Terráqueas

Há cerca de 20 anos, ao carregar um caixote pesado repleto de ferramentas, minha coluna vertebral não se deu bem com o peso e desenvolvi uma grave hérnia de disco na região lombar. A medicina tradicional, mesmo com todo o empenho e competência dos ortopedistas do Hospital das Clínicas da UFMG, não me deu grande esperança de corrigir o problema. A solução indicada seria uma intervenção cirúrgica, com resultados duvidosos. Preocupado com a situação e sofrendo dores terríveis, procurei o Dr. Maurício para ouvir sua opinião. Havia se especializado em medicina chinesa, em Pequim.

O resultado da consulta foi imediato e inacreditável. Entrei em seu consultório com enorme dificuldade de locomoção, quase necessitando de uma cadeira de rodas. Depois de uma longa anamnese, pediu-me para estender um dos braços e segurando minha mão aplicou uma pequena agulha de acupuntura na prega entre os dedos polegar e indicador. Em seguida pediu-me para levantar e andar pelo consultório. Sem dor e andando com facilidade, não acreditei nessa súbita mudança. Em seguida aplicou algumas agulhas de acupuntura ao longo da coluna vertebral. Cerca de 15 minutos após, retirou as agulhas fazendo fortes massagens na musculatura lombar. Estava curado!

Surpreso e curioso fiz-lhe várias perguntas sobre a medicina chinesa e, com sua modéstia peculiar, mostrou-me uma ciência médica completamente diferente. Conforme explicou, o paciente precisa ser examinado no conjunto físico e emocional, pois está integrado às forças da natureza através do *chi* ou energia vital. A doença representa o desequilíbrio na circulação dessa energia, que é feita através dos meridianos, por onde corre o fluxo do *chi*. São nesses meridianos que existem os pontos para a aplicação das agulhas.

Achei essa explicação formidável, mas não invalidou os ensinamentos clássicos da fisiologia e da patologia que havia aprendido há alguns anos. Antes, pelo contrário, reforçou o conceito de que, sob o ponto de vista biológico, o *Homo sapiens* deve ser visto como mais uma espécie componente do *sistema vida* planetário. Todos os seres vivos estão interligados entre si e com as forças da natureza, como as estações do ano, a posição da lua e do sol, a alimentação que usamos, a forma como lidamos com as pessoas e as comunidades onde vivemos. Em decorrência desses conceitos entendi que existe uma forte similitude entre a saúde e a doença, quer seja no meio ambiente, quer seja no corpo de pessoas e bichos, quer seja na sociedade que construímos. Somos todos dependentes e submissos às leis maiores: as seis leis da natureza, anteriormente descritas. A circulação normal do *chi* ao redor da terra seria a energia vital capaz de conectar os componentes da natureza e promover o bem, o belo e o justo.

Quando estudei fisiologia, aprendi sua importância para o funcionamento equilibrado e integrado do nosso organismo, e acho que podemos ampliar esse conceito para entender o funcionamento dos mais variados organismos vivos: pessoas, animais, vegetais e microrganismos, além do meio ambiente (ecofisiologia ou fisiologia ambiental) e da sociedade onde vivemos (fisiologia social). Ou seja, é pertinente observar a similitude entre a fisiologia médica, a fisiologia ambiental e a fisiologia social. Se na primeira estudamos a complexa estrutura da interdependência e funções de nossos órgãos; na segunda, estudamos a relação e funções de bichos, plantas e microrganismos; na terceira, estudamos a complexa estrutura de nossas sociedades formadas por diferentes pessoas que exercem diferentes profissões (funções) para compor e permitir o equilíbrio coletivo. Nesse contexto, a fisiologia social demonstra com clareza o engano quando alguém se julga "detentor de alguma nobreza profissional", pois ele é totalmente dependente de centenas de outras pessoas e profissões que possibilitam seu trabalho. Ou seja, somos uma espécie social e dependemos dos demais para viver. Somos um, mas pertencemos ao coletivo.

Mas essa relação do indivíduo com o coletivo está sujeita, desde o início de nossa organização social, aos interesses e pressões dos integrantes do grupo. A vontade dos detentores da força, do poder e da posse dos objetos desejados (terra, água, alimento, ferramentas) decidia sobre a vida ou a morte das pessoas. Nas relações feudais entre reis, imperadores, militares, clero e os súditos prevalecia a lei do mais forte. O capitalismo teve início nessa época e se fortaleceu como um sistema econômico/político a partir da Revolução Industrial (1760), interferindo (até hoje) na organização política da sociedade e na formação de governos simpáticos aos interesses dos mais fortes. Segundo essa percepção dominadora, só a elite é justa, correta e competente para gerir uma sociedade e produzir riqueza.

De acordo com a fisiologia social e ambiental, pode-se perceber que há similitude na complexidade e na interdependência das funções das pessoas e dos demais seres vivos, porém sob o aspecto oportunidade e qualidade de vida das pessoas, a desigualdade é total. Em um ambiente natural equilibrado, cada espécie ao exercer sua função é respeitada e tem oportunidades semelhantes de alimento, de espaço e de reprodução. Já nas sociedades humanas conduzidas pelo capitalismo, que não têm interesse em educar um cidadão e sim em produzir um consumidor, o que se vê é uma estrutura social distorcida, com total desrespeito às funções ditas mais simples, gerando preconceitos de cor, de gênero e de origem social. O resultado da sociedade capitalista é a injustiça social e a profunda desigualdade de oportunidades de viver. Ou seja, a similitude da fisiologia ambiental e social nos mostra que quando agredimos a natureza e as pessoas, desenvolvemos desastrosas patologias e convulsões tanto no meio ambiente como na sociedade. Somos muitos, mas o "sistema vida" é um só.

O capitalismo, como sistema de produção, tendo o lucro como a finalidade maior da vida e o neoliberalismo, como organização política, são os responsáveis primários pelas agressões à estrutura social e ambiental. É um sistema perfeito para estimular a produção e promover a concentração de renda, porém avesso ao equilíbrio social e ambiental. Ao estimular o frenético desenvolvimento tecnológico, o faz dentro de um programa de obsolescência precoce (não só tecnológica, mas de durabilidade do material usado), pois a cada ano produz uma novidade, aguçando a vontade do consumidor, independentemente da classe social. Os de mais posse são os primeiros a satisfazer o novo desejo, induzindo ao restante da população adquirir a mesma novidade, pois sua posse indica *status* e poder. Porém, muitas vezes, ao se espelhar nas classes dominantes, o trabalhador perde sua identidade e torna-se preso ao sistema financeiro.

Como já disse, a curiosidade e a capacidade de enfrentar desafios do nosso DNA nos fez sair da África e dispersar pelo mundo. E é esse mesmo DNA, curioso e ávido por novidades, que alimenta o capitalismo. Ainda que esse sistema econômico produza o caos social e ambiental é cultuado pelos donos do poder e seguido sem contestação pelos acomodados. E interessante que o capitalismo sempre esteve atrelado ao poder econômico, à força militar e ao valor fictício de uma moeda, imposta aos países satélites. Essa forma de imperialismo subjuga essas nações, não só pela moeda "forte", mas também pela força militar correspondente. E como a biologia poderia explicar esse imperialismo? Novamente repetindo o já dito: a constituição genética estimula a cobiça e a dominação, que diante do sucesso para os donos do poder tornam os dominados cada vez mais submissos e explorados. Não seria então possível se criar uma moeda universal e as nações submetidas se verem livres desse imperialismo monetário? Ou seria uma utopia econômica impossível dentro do sistema capitalista? Em verdade, a estrutura do capitalismo é avessa em formar países livres e independentes, assim como não aceita um cidadão consciente e engajado para o bem coletivo. Desde seus primórdios, o capitalismo se esmerou na produção de um consumidor alienado e egoísta, submisso ao sistema. Para o capitalismo, um bebê não representa a continuidade da vida, representa um consumidor a mais na cadeia produtiva e comercial. Ou seja, o capitalismo é um sistema econômico construído na contramão da fisiologia ambiental e social. Como nas religiões conservadoras, legitima-se na necessidade do dinheiro para impor regras e costumes. Mantém-se na contramão da distribuição equilibrada da riqueza coletiva. Sob esse aspecto, podemos dizer que o capitalismo é um sistema político/econômico que fracassou. Apoia-se no poder do dinheiro, em inverdades e injustiças para validar seu objetivo de dominação e poder desmesurados. Em nome do lucro e do dinheiro é corruptor e corrompido. Por ser egoísta e hipócrita, não oferece chances para o crescimento educacional e oportunidades profissionais semelhantes para todos, mas exige "meritocracia" para avaliar os cidadãos. É o mesmo que, em uma corrida de automóveis, os organizadores, animadíssimos, saudáveis e alegres, extasiarem-se diante da competição entre uma Ferrari, patrocinada por eles, e um fusquinha, conduzido por um cidadão comum. Meritocracia só é válida quando os participantes tiverem conhecimentos e oportunidades de vida semelhantes. Vence o mais dedicado ou mais identificado com a disputa. Fora disso, meritocracia não mede competências coletivas, mede circunstâncias isoladas.

Segundo os biólogos, nossa sociedade está no limiar do esgotamento dos recursos da natureza, porém segundo os economistas da direita radical (neocapitalismo predador), os recursos naturais são inesgotáveis e, assim, incentivam a destruição do Planeta. Mas na realidade o grande dilema do sistema capitalista é saber até quando terá continuidade e até quando terá coragem de incentivar o consumismo irresponsável, pois não existe um Planeta B e nem uma imaginária Arca de Noé para nos socorrer. Em verdade, o instinto de sobrevivência está nos mostrando que precisamos construir uma nova sociedade obedecendo às leis da natureza. A biologia mostra ser impossível manter um crescimento contínuo, uma expansão ilimitada, uma vez que nosso Planeta tem limites. Os que defendem esse sistema econômico, em verdade defendem a perpetuação de uma casta de privilegiados, de uma estrutura social originária dos primórdios da vida, quando o DNA, para sobreviver, adotou a competição na relação inter e intraespecífica. O tempo de mudança, o tempo de plantar novas sementes é agora e a Natureza se encarregará de fazê-las germinar. Cabe a nós semeá-las, pois nosso DNA é capaz de reconstruir o mundo. A biologia, mãe de todos nós, pode nos indicar caminhos fraternos.

Em contrapartida ao capitalismo globalizado, valores maiores da convivência humana indicam caminhos econômicos diferentes, com base no respeito, na solidariedade, na justiça, na ética, no compartilhamento e na preservação ambiental. Evoluiremos nessa direção ou as manifestações predatórias e egoístas continuarão demonstrando poder e fascinação pelo lucro patológico? Acredito que as dezenas de organizações produtivas saudáveis, que estão mostrando novos caminhos, podem ser consideradas as sementes de uma sociedade equilibrada e estável. Se esse é o desejo maior da humanidade, acredito também que os donos do poder, ao se verem diante da hecatombe social e ambiental que estão promovendo, descerão do pedestal de ouro por eles construído para ajudarem na reconstrução do Planeta. O que faz o sapo pular não é a necessidade de sobrevivência?

Conviver com momentos conturbados, onde política e religião se misturam na tentativa de desarticular e controlar a sociedade, é uma tática antiga e eficiente, pois incomoda, irrita e desequilibra os que buscam a construção de uma sociedade justa. É construída pelas mentiras, mesquinharias, perversão mental, repetição de argumentos falsos e difusão do medo. Estou consciente que esse tipo de manipulação social sempre existiu, mas, atualmente, pela facilidade de uso e pela capilaridade de comunicação das redes sociais, em questão de minutos, atinge milhares de pessoas. Esses difusores do mal são treinados em templos e organizações especializadas em manipular opiniões, difundir o ódio, difamar lideranças e difundir notícias falsas, repetindo frases bíblicas interpretadas satanicamente para incutir medo e submissão nos cidadãos menos informados. Com essas armas (no sentido figurado e real) conseguem impor suas vontades descabidas. Buscam desarticular sociedades estáveis, gerando crises e tensões na tentativa de obter vantagens pessoais. Mas justamente por nossa espécie ser integrante do meio ambiente, essas crises e tensões sociais são temporárias, pois são cíclicas. É mais uma similitude entre a fisiologia ambiental e social. Explicarei melhor.

A natureza é cíclica e em permanente processo evolutivo. As estações do ano, as fases da lua, o movimento das marés, períodos de seca prolongados, vendavais, tsunamis, terremotos são fenômenos cíclicos que promovem grandes transtornos ambientais, mas também representam as forças da natureza para renovação do meio ambiente. São esses fenômenos que dão novas oportunidades de reprodução e crescimento de espécies anteriormente subjugadas. Como diz o ditado popular: "Após a tempestade vem a bonança." Como já disse, existe grande similitude entre o comportamento de vegetais e dos animais, incluindo nossa espécie. Assim, ações enlouquecidas de grupos desarticuladores da sociedade representam uma força daninha temporária. São os tsunamis da humanidade: surgem, fazem suas vergonhosas trapalhadas, mas terminam. Quem sabe sejam a motivação coletiva de mudança e reconstrução dessa sociedade de consumo descartável, implacável e irresponsável?

A vida está em permanente processo evolutivo e nossa espécie não foge a essa regra. Conforme Darwin percebeu, todos os seres vivos, lentamente, muito lentamente, estão caminhando dentro de um processo evolutivo. A evolução não tem um objetivo a alcançar, mas nossa espécie pode induzir uma direção, estimulando valores positivos na organização de seus processos educativos e leis regulatórias sociais justas. Os tsunamis ocorrerão; porém, existem fortes possibilidades de que a cada avalanche reforçarmos nossos objetivos e valores, livres dos males anteriores.

Em razão dessa jubilosa possibilidade, no capítulo seguinte mostraremos os valores positivos que conquistamos ao longo de gerações, compartilhando saberes, prazeres, desavenças e talentos.

21 Conclusão Inicial

O DNA, modelo da vida, é realmente fantástico, pois pequenos acréscimos ou supressões em suas cadeias de genes formam todas as espécies de seres vivos constitutivos da mais intrincada, magnífica e estável biodiversidade conhecida na imensidão do universo. Se até nos confins desse universo, distante milhões de anos luz de nosso Planeta não se encontrou nenhum sinal de vida, por menor e menos expressiva que seja, a pujança de vida que convive conosco merece o maior respeito, admiração, consideração e arrebatamento de nossa espécie. O DNA é nossa essência, mas os humanos ainda não se deram conta disso. A grande maioria da humanidade, manipulada por ideologias, teologias e dominações insensatas (como se ainda vivêssemos na idade média), está alheia à urgente necessidade de buscarmos um caminho evolutivo flexível e condizente com a grandiosidade de nossa inteligência e criatividade. Lideranças e pessoas comuns, manipuladas e usando viseiras (distribuídas gratuita e maldosamente pelos quatro cantos da Terra), vivem como que flutuando pelas superfícies, distantes dos mecanismos que sustentam a vida. Enxergam o que lhes interessa, sem conhecerem o conjunto. Alheios ao movimento infinito e contínuo da natureza, que nos circunda e nos conduz, mas pede respeito e ajuda. E, assim, lideranças e pessoas comuns, alheias às nossas origens, ao nosso caminhar e ao nosso destino, desperdiçam a vida com quimeras, com futilidades inócuas. A urbanização intensa, a competição massacrante, o desnível social e a repetida divulgação de manchetes aterradoras de desgraças locais e mundiais pela mídia e pelas redes sociais mantêm o medo e o adoecimento coletivo socioemocional. Em verdade, é dessa forma que a sociedade manipulada se submete aos donos do poder. E as pessoas comuns lastimam-se de um padecimento mental que elas mesmas mantêm e ampliam. É um ciclo vicioso que realimenta uns e outros. Esse fenômeno, se de um lado mostra a necessidade de uma urgente mudança de rota na condução da vida no Planeta, de outro lado abre as portas para os espertalhões que apregoam a cura em religiões ultrapassadas ou promessas políticas enganadoras. A tristeza maior é perceber que é uma manipulação bem articulada, cujo objetivo maior é desviar ou impedir o engajamento nas lutas reivindicatórias para a correção das injustiças e desequilíbrios socioambientais. E assim caminha a mediocridade.

Mas o *Homo sapiens,* graças à sua inteligência, plasticidade genética, memória e criatividade técnica e artística, também produziu maravilhas. Dispersou-se pelo mundo, adaptando-se e dominando os mais diversos biomas da terra, reproduzindo-se conforme seus interesses e desejos. Mas sob o ponto de vista biológico, por termos nos distanciado da natureza, perdemos o respeito e o vínculo com a mãe Terra. E a partir desse distanciamento, abandonamos nossa função ecológica inicial como todos os primatas e os humanos primitivos realizavam. Interessante que nessa mesma longa trajetória evolutiva, as demais espécies mantiveram sua função ecológica, possibilitando o equilíbrio ambiental e a manutenção da magnífica biodiversidade do Planeta. Por outro lado, todas as espécies que possuem ampla capacidade adaptativa aos diversos biomas têm grande importância na manutenção da vida, pois, em caso de uma hecatombe de grandes proporções, são elas que terão mais chance de sobrevivência. Será que o *Homo sapiens* poderia estar incluído no grupo de sobreviventes? Os povos primitivos, como beduínos, esquimós, tuaregues ou tribos isoladas da Amazônia ou África, poderiam ter mais condições de sobrevivência do que os urbanos?

Assim, sob o ponto de vista de ocupação territorial, somos uma espécie de sucesso, mas, sob o ponto de vista de respeito a nós mesmos e aos demais componentes da apoteose da vida, somos uma espécie altamente egoísta e predadora. Do alto de nosso egocentrismo, gerando 8 bilhões de habitantes, não conseguimos nos aproximar do processo de controle populacional como as demais espécies o fazem. Nenhuma outra espécie vegetal ou animal, mesmo as consideradas de grande sucesso biológico, ocupou todos os biomas e se deixou reproduzir a ponto de dificultar sua própria viabilidade. Ocupamos ambientes os mais diversos, desde regiões amenas, com topografia suave e solo fértil, até desertos tórridos ou montanhas gélidas. Abandonamos as sociedades agrícolas há séculos, quando ainda vivíamos e dependíamos totalmente dos recursos naturais e nos dedicamos a construir uma sociedade urbana, capaz de subjugar a natureza em nome da produção competitiva e do lucro. "Ao longo de toda nossa existência, contestamos, manipulamos e forjamos a natureza segundo nossos objetivos". E a cada dia esses objetivos são aperfeiçoados, com maquinário mais potente e mais eficiente. A cada dia somos capazes de ultrapassar os formidáveis avanços tecnológicos já alcançados pela humanidade, inclusive influenciando ou suplantando as regras dos processos evolutivos darwinianos, criando novas formas de vida por meio da hibridização ou seleção genética.

Nos últimos anos nova tecnologia está promovendo fortes mudanças na humanidade. Refiro-me à Inteligência Artificial (IA) que permite aos computadores imitar capacidades humanas como criatividade, raciocínio, aprendizado e tomada de decisões, podendo ser aplicadas em áreas como reconhecimento de fala, visão computacional e automação.

A IA transforma dados (algoritmos) em soluções inteligentes. Se de um lado substitui ou permite a realização de diferentes trabalhos humanos, por outro podemos nos tornar meros observadores do deslanchar do mundo. Estaríamos vivenciando uma nova forma de controle e manipulação da mente humana? Essa questão nos leva a outra: Estamos preparados para lidar com essa nova ferramenta tecnológica? Parece que não, pois o novo sempre exige adequações e regulamentações.

Portanto, a grande questão não é discutir sobre a eficiência da IA. A grande questão é termos ética social e ambiental para o seu uso.

Se sucessivas e constantes tecnologias inovadoras modificaram para o bem a relação trabalho/força produtiva; por outro lado, induziu a urbanização da humanidade, concentrada em megalópoles, onde convivem milhões de habitantes, totalmente distanciados da natureza. Em muito pouco tempo saímos de uma sociedade agrícola para uma sociedade tecnológica urbana, muito distante de nossas origens genéticas e culturais. Que caminho a humanidade poderá prosseguir com essa superpopulação assim concentrada? Estudos sociológicos indicam que estamos armando uma bomba relógio demográfica, mas a biologia está mostrando alguma forma de controle populacional? A redução da fertilidade masculina pela perda significativa da viabilidade dos espermatozoides é uma resposta a essa pressão populacional? A redução da natalidade por mulher, o retardamento da gestação ou a decisão do casal de não ter filhos também seriam recursos biológicos para conter o inviável crescimento populacional de nossa espécie? Conseguiremos realizar um controle populacional semelhante aos animais ou o crescimento populacional humano faz parte da estratégia do capitalismo para ampliar o número de consumidores? Por outro lado, faço uma pergunta crucial: o *Homo sapiens* está realmente consciente da necessidade urgente de se realizar um controle populacional?

Sei que uma das boas maneiras de espairecer a mente é a contemplação de um belo lago, de uma magnífica floresta, de uma cadeia de montanhas ou da extensão infinda de um cerrado verdejante. São momentos especiais que nos remetem a um estado de paz e beleza. Porém, ao fazermos um exame acurado em qualquer desses biomas iremos deparar com uma guerra, uma disputa constante pelo espaço, uma competição feroz (predação) pelo alimento e pelo parceiro reprodutivo. São realidades ambientais e nossa espécie também não foge a esse modelo. Conforme já dissemos, o "sistema terra" funciona de acordo com suas regras desenvolvidas há milhões de anos que nos trouxeram até aqui, permitindo a estabilidade e a habitabilidade do planeta. Ou seja, o equilíbrio do "sistema terra" passa por essa "guerra" e nossa espécie não foge ao processo biológico.

Porém ao transgredirmos os limites do equilíbrio ambiental em decorrência de nossas ações predatórias e consumistas, estamos desencadeando mudanças irreversíveis no meio ambiente, inviabilizando a continuidade do "sistema vida". Por mais que a biologia mostre isso, as correções de rota de nossa sociedade têm sido mínimas. E as megalópoles distanciam cada vez mais os humanos de sua origem e destino, tornando-os opacos aos anseios e necessidades conservacionistas. Parece que a concentração urbana está obstruindo o nosso impulso atávico milenar de nos envolvermos com a natureza, conforme ocorreu com a chimpanzé Ágda ao se deparar com uma árvore. Apenas visitar parques e praias é muito pouco, pois apenas satisfaz vontades passageiras. Nossas possibilidades de mudanças são inúmeras, porém a influência sobre a sociedade é reduzida, não alcança a população. Por outro lado, as mudanças que dão lucro imediato, como a produção de energia elétrica limpa (eólica e fotovoltaica) ou a produção de carros elétricos, estão na lista das empresas mais "produtivas" e lucrativas. Ou seja, o cidadão compra um carro elétrico por "pensar" que está "ajudando" o Planeta, mas a decisão da compra ocorreu por ter sido sensibilizado pela propaganda e pela inteligência artificial.

A indústria, o comércio, os prestadores de serviços e os milhões de cidadãos ainda não se deram conta da urgência da redução de embalagens não recicláveis. Ainda não se deram conta de que "quanto menos plástico usado desnecessariamente, menor será a poluição do mundo". Não se deram conta que é urgente reduzir a produção de lixo, reduzir o desperdício de água e de alimentos. Não se deram conta que o respeito e o equilíbrio coletivo devem nortear toda e qualquer proposta de mudanças econômicas e sociais. E não se deram conta por quê? A biologia explica? No meu entender, sim, por motivos explícitos. O nosso DNA apresenta diferentes formas de poder e dominação, e o capitalismo, seguindo o padrão geral das espécies, é aceito sem contestação pelos cidadãos comuns, manipulados para serem submissos. Mas essa alienação coletiva não é gratuita. Além das diversas modalidades personalizadas de manipulação das mentes anteriormente citadas, sem dúvida as tecnologias de comunicação imperam livres e potentes. São tão poderosas que merecem um comentário especial.

A mídia é um sistema de informação, entretenimento e cultura que por sua força e capilaridade exerce influência nas mais diversas camadas sociais. Se antigamente os limitados recursos de divulgação já eram os instrumentos prediletos dos ditadores e dos manipuladores de opinião, atualmente, com recursos técnicos espetaculares de filmagem e divulgação em tempo real, a influência e poder da mídia ultrapassam os limites de controles legais. Nesse aspecto é fundamental ressaltar a diferença entre a salutar liberdade de expressão (na qual se divulgam fatos e opiniões divergentes, porém eivados de conteúdo inteligente e dentro dos limites legais) e a maléfica e tendenciosa desinformação (por meio da divulgação de notícias falsas, superficiais ou deturpadas, desprovidas de veracidade e de controle legal, porém eficazes no imediatismo e manipulação das mentes). Por outro lado, não podemos nos esquecer da força de antigos processos de manipulação das mentes, em especial as pregações de sacerdotes, os jornais de circulação restrita e o controle sobre livros, como o famoso Índex (proibição de impressão ou leitura de livros considerados nocivos à moral e aos dogmas católicos). Metodologias limitadas, mas que permitiram à igreja católica manipular as mentes durante séculos, determinando a motivação e o controle comportamental e político de meio mundo. Hoje, especialmente as igrejas evangélicas e pentecostais, esmeram-se nesse objetivo, elaborando e divulgando notícias falsas ou deturpadas por meio das redes sociais e da inteligência artificial, manipulando instantaneamente milhões de pessoas, repetindo o abominável controle mental dos fiéis. Comerciantes, empresários e políticos, usando essas mesmas ferramentas, agora manipuladas por algoritmos alimentando a inteligência artificial, também manipulam opiniões e influenciam milhões de cidadãos, mantendo-os na superficialidade dos fatos, no imediatismo dos interesses, na manutenção da mesmice cultural e comportamental. A sociedade está sendo manipulada e conduzida para ver apenas a insignificância de detalhes, não sendo capaz de identificar o conjunto, identificar um elefante. Cegos se contentam com o pincel da cauda... E assim caminha a humanidade, levando uma vida inconsequente e frívola.

Como toda tecnologia ou ferramenta, as redes sociais são instrumentos formidáveis (basta ver a importância da *internet* capaz de oferecer cursos e conhecimentos para moradores dos mais distantes rincões deste país), porém quando usadas incorretamente se tornam equipamentos perigosos e traiçoeiros, pois são usadas por mentes bestiais, quer sejam os arquitetos da maldade ou os seguidores. Tanto uns como os outros representam a escória da humanidade e a biologia os vê como uma manifestação típica de degeneração genética. Superficiais, burrificados e arrogantes, impedem a evolução da espécie, da sociedade e do crescimento socioambiental.

Em verdade, tendo a informação como objetivo maior, a mídia o faz insistindo em divulgar as desgraças do dia em manchetes aterrorizantes. Sabe que assim agindo consegue alimentar e realimentar o medo, que é a mais eficiente forma de controle das pessoas. Assustadas, preocupadas e crédulas com o que leem, ouvem ou veem, desenvolvem psicopatias e vulnerabilidade comportamental. Ou seja, a mídia se tornou o instrumento mais poderoso dos donos do poder, os verdadeiros interessados em manter a sociedade submissa, alienada e desiludida. Ao contrário do bordão "o povo unido jamais será vencido", a mídia muda o refrão para "o povo manipulado jamais mudará de lado". Sem argumentos para contestação, o povo desprovido de vontade própria, aturdido pelo comício global da mídia e das redes sociais, perde a capacidade de pensar e avaliar. É transformado em um bando de medíocres capitaneado por um medíocre safado. Acomodado, sente-se incompetente para discordar da mesmice divulgada. Age como um rebanho de ovelhas treinadas, pois é mais cômodo seguir o bando do que se aventurar por caminhos diferentes. Pensar? Só dentro dos padrões permitidos. Daí a explosão de seguidores bíblicos, pouco afeitos a pensar fora desse padrão conservador. Fora dele é muito perigoso, pois podem ser condenados ao inferno! A mídia, ao se vangloriar da responsabilidade de informar, na realidade aliena a sociedade. Torna-nos cativos de interesses imediatistas, promovendo a "burrice coletiva" e nos afastando de uma "inteligência coletiva", pensante, reivindicadora de mudanças para atingirmos o bem da comunidade. Comunidade pensante, lúcida, criativa e ativa é muito perigosa. Seguramente é comunista aos olhos míopes dos conservadores...

Ao reler essas constatações, assustei-me. A mídia inteira é assim ou existem profissionais e empresas sérias que buscam produzir informações, entretenimento e cultura dentro da liberdade de expressão e de conceitos éticos? Matutando ou sonhando com uma alteração dessa condenação global, perguntei-me: se a mídia tem tanto poder para formar e conduzir rebanhos submissos, não poderia ela reverter esses objetivos primitivos e promover a união e reconstrução da humanidade? O jornalismo ético não poderia se tornar o grande aliado desse sonho? A biologia já não demonstrou que nosso genoma apresenta genes do bem, do bom e do belo, presentes no arquétipo do inconsciente coletivo humano conforme Carl Jung declarou? Então, nossa constituição genética poderia ser o reforço biológico para a imprensa ética se tornar cúmplice na construção do equilíbrio social e ambiental. Se uma das leis da biologia mostra que o processo evolutivo é permanente e tem como estímulos as necessidades e os cataclismos da natureza, os contínuos "tsunamis" sociais/políticos/religiosos podem representar estímulos atuando no processo evolutivo do DNA humano.

Essa possibilidade biológica me faz lembrar de pessoas e organizações que fogem do modelo massificado e lucrativo comuns na sociedade e nos mostram caminhos promissores. São muitos os exemplos e podemos começar pelos diversos ramos da ciência que têm conseguido produzir soluções técnicas e culturais formidáveis capazes de amenizar os desequilíbrios reinantes, indicando os caminhos para a construção de nova ordem social e ambiental. Ainda estamos distantes de alcançar um grau evolutivo de toda a humanidade, mas creio que algumas comunidades estão dando passos certos na direção do equilíbrio. É uma constatação visível para aqueles que têm olhos livres de preconceitos e de pregações ideológicas/teológicas dominadoras. Estimulados pela possibilidade de encontrar um caminho novo para o *Homo sapiens* poderemos ver modelos de solidariedade e compartilhamento, poderemos entender, aceitar e acreditar em seus propósitos. Sei também que esses modelos comunitários mais evoluídos têm sido sistematicamente combatidos pela elite capitalista dominante, pois no fundo irão refrear a supremacia do capitalismo selvagem.

Mas gostaria de explicar melhor minhas observações para não ser equivocadamente taxado de "comunista", que não representa desdouro nenhum, para ninguém. O sistema comunista faz parte das utopias inalcançadas. A primeira delas foi o anarquismo, que embalou o movimento operário mundial nas décadas iniciais do século XX. A segunda foi o comunismo, a partir da Revolução Russa (1917) cujos sonhos libertários empolgaram multidões nas décadas seguintes, porém foram minguando com a sucessão das gerações. Em verdade, o comunismo teoricamente seria perfeito para organizar uma sociedade onde as necessidades e desejos básicos das pessoas poderiam ser atendidos dentro do equilíbrio de produção, necessidade e satisfação do cidadão. Por não ter o lucro como objetivo maior, os produtos são feitos para durar, ao contrário da produção em massa com obsolescência programada, além de não estimular o desperdício e a formação de lixo. Acontece que esse não é o desejo permanente das pessoas, pois, conforme já dissemos, nossa espécie é curiosa e sempre deseja mais assim que suas necessidades básicas são atendidas. E por qual motivo? Mesmo que os produtos não se tornem obsoletos por falta de novidades tecnológicas, o desejo pelo novo ou diferente é inerente ao nosso DNA. Em razão disso, não há necessidade de grandes explicações econômicas e sociológicas para mostrar o fracasso do sistema comunista nas nações que tentaram adotá-lo. A biologia explica que nossa constituição genética não se coaduna com um sistema no qual as pessoas precisam obedecer a padrões rígidos de metas e objetivos. Como a curiosidade e a criatividade, típicas de nosso DNA ancestral, poderia aceitar essa rigidez por longos períodos? Se nos países comunistas históricos (visitei e entrevistei pessoas comuns em Cuba, Croácia, Hungria, Rússia, Sérvia) as primeiras gerações comunistas se sentiram realizadas e satisfeitas com o mínimo alcançado, pois vieram da escassez e opressão, as gerações seguintes não se contentaram com esse "fantástico" mínimo obtido. Desejaram mais e melhor. Além disso, o sistema comunista ao manter o controle das propriedades e da produção se transformou em um capitalismo de estado engessado e pouco produtivo. Não acompanhou a biologia humana, especialmente em uma sociedade complexa e interligada a centenas de nações com propostas comerciais e culturais diversificadas. Porém não podemos dizer que foi uma tentativa de uma nova organização econômica/social que deixou de promover um enorme impacto para a amenização do capitalismo selvagem. E digo mais ainda, talvez no futuro, com a evolução genética de nossa espécie, o sistema comunista se torne viável e consiga o equilíbrio da humanidade.

Por ouro lado, o sistema capitalista neoliberal promoveu a glória, mas também a tragédia da humanidade. Estando em total sintonia com nossa constituição genética permitiu o florescimento de toda nossa criatividade para o bem e para o mal. Quem não se beneficiou de nossos inumeráveis e generosos avanços científicos, técnicos, artísticos e filosóficos que permitiram conquistas práticas para a redução da mortalidade infantil e aumento de nossa longevidade? Quem poderia imaginar que seríamos capazes de proporcionar sistemas educacionais e sanitários públicos de qualidade e quantidade? Avanços sociais e conquistas práticas para nosso conforto doméstico e lazer a ponto de podermos afirmar que sob o ponto de vista material vivemos o melhor momento da humanidade? Não podemos afirmar que são conquistas espetaculares, que nos tornam dignos do nome *Homo sapiens*? Porém se o capitalismo produziu maravilhas técnicas e científicas, também promoveu a desgraça humana da concentração de renda, do consumismo, do desperdício, da poluição de todos os ecossistemas e da degradação ambiental. Da perversa manutenção de 735 milhões de pessoas sem ter garantia de alimentação diária. De promoção de guerras econômicas/religiosas matando milhares de cidadãos comuns? E nos últimos anos, a soma de todas suas ações nocivas está fomentando e antecipando o aquecimento global, sem dar sinal de promover mudanças econômicas e comportamentais efetivas para equacionar esse drama anunciado e já inaugurado.

Estou consciente que mudanças econômicas e comportamentais são altamente complexas, pois demandam um processo lento de esclarecimento, necessitando serem cativantes e capazes de unir vontades e objetivos. O que adianta apregoar novidades empresariais, como governança social e ambiental (ESG, do inglês *Environmental Social Governance*), sustentabilidade produtiva, agricultura livre de agrotóxicos, se não são efetivamente aplicadas, mas usadas como armas enganadoras de propaganda comercial? Estão enganando quem, se toda a humanidade está no mesmo barco, isto é, no mesmo Planeta? Se em uma espaçonave, os astronautas necessitam cuidar de cada detalhe, sem desperdícios e produção de lixo, nosso Planeta, solto na imensidão do universo, também carece da mesma atenção e dos mesmos cuidados de seus usuários. Afinal só temos esse espaço para viver, alimentar-nos e procriar. Como já disse, não existe Planeta B!

O significado de palavras, siglas e intenções podem ser voláteis, dúbios e interesseiros ou realmente representar um propósito correto de objetivos e ações. Refiro-me à moderna sigla ESG, mundialmente valorizada como forma correta de gerir empresas e negócios. Desejo mostrar aqui a atitude de um dos maiores empresários brasileiros que há dezenas de anos anteviu a necessidade de trabalhar dentro dos princípios básicos dessa sigla. Digo mais: foi o precursor esclarecido dos que hoje defendem os postulados da ESG. Refiro-me ao Dr. Hermínio Ometto. Filho de imigrantes italianos, já no início da década de 1940, ao transformar um simples engenho de cana-de-açúcar na grandiosa Usina São João, em Araras, SP, estava dando início a uma sequência de crescimento empresarial e de posicionamentos em defesa do meio ambiente, do saneamento básico, do respeito ao trabalhador e da importância da educação para o crescimento de um povo. Com descortínio, generosidade e sensibilidade assumiu a presidência de numerosas entidades públicas e privadas, dando exemplo concreto para o crescimento social, ambiental, administrativo, cultural e educacional de uma empresa e da sociedade. É com emoção que recordo a gentileza com que fui recebido pelo Dr. Hermínio, quando no início da década de 1980 fui convidado a ministrar uma aula na grandiosa Universidade de

Araras (Fundação Regional de Ensino Superior de Araras – FRESA), fundada em 1975 graças à sua tenacidade junto ao Ministério da Educação. O amplo e acolhedor *campus*, abrigando diversas unidades, foi construído em terreno da Usina São João, doado pelo Dr. Hermío Ometto e sua esposa, D. Duse Ruegger Ometto. Esse é o exemplo mais expressivo que conheço de grandeza humana e de respeito aos demais habitantes desse belo e conturbado Planeta.

Por outro lado, é importante dizer que assim como na natureza alguns fenômenos geológicos ou climáticos promovem reorganizações ambientais, algumas tragédias sociais produzidas por nós mesmos podem representar forças evolutivas que nos farão mudar. Uma sociedade sem projetos é uma sociedade em decadência. Se vivemos um período de perplexidade pela ausência de utopias e amedrontados pelos sinais de esgotamento dos recursos naturais, vejo possibilidades diferentes no horizonte. Se as disputas políticas e religiosas, inúteis e predatórias, são incapazes de nos indicar um projeto de justiça e equilíbrio socioambiental, além de inibir e desorientar a geração atual, em verdade podem se tornar estímulos para o encontro de caminhos possíveis. Olhando para trás, encontrei exemplos que me parecem capazes de induzir mudanças genéticas em nosso DNA, capazes de promover novos patamares evolutivos. E quais são esses patamares? São pessoas e organizações, cujas vidas e propostas de trabalho mostraram novos caminhos para a humanidade. Foram atores de mudanças e possibilidades que poderão nos encaminhar para um projeto de equilíbrio e estabilidade coletiva. Vou citar alguns exemplos e tenho absoluta certeza de que alguns deles irão escandalizar entidades e pessoas defensoras anacrônicas do *status quo* da tragédia construída. E quais são esses exemplos? São estrelas com luz própria que surgiram para nos mostrar caminhos possíveis. O céu e a terra estão repletos delas, mas citarei alguns nomes bem marcantes: Mahatma Gandhi, Mikhail Gorbatchov, Nelson Mandela, Juscelino Kubitschek de Oliveira, Barak Obama, Darcy Ribeiro, Luiz Inácio Lula da Silva, Paulo Freire, Chico Mendes, Ailton Krenak, Sebastião Salgado, José Saramago, Malala Yousafzai, Bertha Lutz, Marina Silva, Maria da Penha, Prof. Carlos Nobre. São centenas de pessoas, a grande maioria anônimas, com luz própria participando da construção de um mundo equilibrado e possível. São pessoas, cujos exemplos de vida e ideias dignificaram nossa espécie, pois buscaram e continuam nos mostrando os caminhos para alcançarmos o bem, o bom, o belo e o justo para a humanidade.

Além desses nomes, achei importante destacar uma organização de homens e mulheres que tem tido a coragem de colocar em prática um caminho diferente para nossa sociedade. Mesmo enfrentando a mais forte oposição, pois andam na contramão das vontades dos poderosos, tem mostrado que a perseverança e a tenacidade produzem frutos e iluminam possibilidades futuras. Refiro-me ao destemido e pujante Movimento dos Trabalhadores Rurais Sem Terra (MST), tão vilipendiado pela mídia e seus donos. Se alguém se interessar em conhecer melhor essa organização, sugiro que faça uma visita em algum de seus acampamentos (onde será muito bem recebido), conforme fez minha neta June Ruegger Cortes Neves, estudante de jornalismo, no Assentamento Denis Gonçalves, em Goianá, MG ou leia o livro *Travessia, de banqueiro a companheiro*, de Eduardo Moreira. O MST, ao longo de anos, conseguiu organizar fantásticas cooperativas de produção agrícola, além de acolher, cuidar e dar oportunidade de destravar a autoestima e dar um sentido para a vida de milhares de participantes, desde crianças até homens e mulheres.

Ao participar do “V Simpósio Brasileiro de Doenças Negligenciadas” na Universidade Federal de Lavras (maio de 2024), pude ver com grande entusiasmo o programa de “pesquisa cidadã”, onde cientistas, universidades, pacientes e os órgãos de saúde pública se envolvem com as comunidades para discutir e buscar soluções inovadoras para controlar ou erradicar doenças endêmicas. Diante do arsenal de mentiras e notícias falsas veiculadas por lideranças medíocres e seguidores pouco esclarecidos, as atividades de pesquisa cidadã podem se tornar ferramentas eficientes para o esclarecimento popular, estimular a participação social na melhoria da saúde coletiva, a proteção ambiental e a consequente defesa da democracia. Assim, a reconstrução de nossa sociedade, com toda minha convicção, está ligada à renovação da credibilidade e da confiança dos cidadãos nas inovações científicas e nas informações corretas que recebem. A partir desses esclarecimentos será possível despertar a responsabilidade e a importância individual para se alcançar a saúde coletiva. Prefiro denominar as "doenças negligenciadas" de "doenças de populações ou comunidades negligenciadas", pois a grande maioria delas ocorre nas populações pobres. Ou seja, as doenças endêmicas são decorrentes da pobreza econômica, social e cultural dessas comunidades. E a "pesquisa cidadã", conforme a biologia explica, poderá quebrar o ciclo vicioso da falta de conhecimento/exploração econômica/ pobreza.

Outras duas formas de produção agrícola, proteção ambiental e desenvolvimento social que me empolgam são a "permacultura" e o "sistema agroflorestal". Mostram caminhos novos e eficientes para a produção de alimentos de forma sustentável, além da preservação do solo, das nascentes, da flora e da fauna. Além disso, e sob o ponto de vista social, têm grande significado, pois estimulam a fixação das famílias no ambiente rural e fornecem boas técnicas produtivas e econômicas para as comunidades envolvidas, desafogando as megalópoles. Também me encanta e me fortalece as "Marchas das Margaridas". É a manifestação de mulheres trabalhadoras rurais de todo o país, iniciado em 2000, que a cada 4 anos se reúnem na Praça dos Três Poderes, em Brasília, em defesa dos direitos trabalhistas e sociais. É uma luta difícil para fazer frente aos desmandos violentos dos movimentos machistas conservadores. Associo essas marchas aos movimentos mundiais das mulheres pelo direito ao voto, iniciado há mais de 1 século e conquistado no Brasil apenas em 1932. Meu entusiasmo com esses movimentos agrícolas e sociais se deve ao grande significado de cada um deles: representam os esforços e os sinais de um futuro possível para a continuidade da vida nesse Planeta. A vida oferece imensas possibilidades para todos, não podendo ser suprimidas por uma elite deslumbrada pelo seu egoísmo.

22 Sinais Promissores?

Ao terminar a redação deste livro fiquei diante de um grande dilema: minha crença na evolução de nossa espécie é possível ou estou agindo como nossos ancestrais que conscientes de nossa finitude criaram hipotéticas divindades? Porém cético dessas divindades e de seu propalado poder de salvar corpos e almas percebi uma origem diferente do Mal. A afirmação de que somos pecadores e nascemos com o pecado original é uma lenda criada para difundir o medo e manter a submissão dos fiéis aos ditos intermediários divinos. Compreendi, então, onde reside o Mal da humanidade: no medo e na submissão a lendas infundadas. Esse Mal foi plantado pelos senhores da terra, cultivado e difundido pelos sacerdotes coniventes com essa pregação, pois também tinham e têm interesse na manutenção desse poder. Mas a realidade da vida está mudando e o Mal está sendo difundido por outras bocas e outras falas, repetindo biblicamente desinformações preocupantes. Será que as mentes e as vontades das pessoas não terão chance de se libertarem desse Mal milenar? Se conseguissem se livrar dessas pregações amedrontadoras não poderiam buscar um viver mais autêntico, mais altruísta e mais libertário? Por outro lado, perderiam o estímulo para viver, padecendo de um vazio existencial? Essas perguntas me atormentaram e indaguei-me: estou também criando uma hipótese evolutiva falsa? São dúvidas reais ou decorrentes de minha formação cultural dominante em nossa sociedade? Mas ao ouvir a palestra da famosa historiadora Heloisa Starling, brilhante como sempre, sobre a trajetória da humanidade e dos movimentos pela independência de nosso país, confirmei a conturbada realidade religiosa, social e ambiental que construímos e sob a qual padecemos desde priscas eras.

Angustiado com essa constatação, o dilema ainda perdurou e rolei na cama por 2 noites insones. Estamos mesmo caminhando na direção de um ponto final da vida em nosso belíssimo Planeta? Os extremos climáticos (temperaturas oscilando entre 40 °C negativos e 50 °C positivos) e as ocorrências de inundações ou secas prolongadas que estamos presenciando em diversas regiões e países são mudanças climáticas indicando sinais de um apocalipse iminente? Sim, são sinais preocupantes já denunciados e explicados pela biologia desde a Eco 92 (reunião mundial de governantes, empresários e ambientalistas sobre mudanças climáticas, ocorrida em 1992, no Rio de Janeiro). Em verdade, essas alterações ambientais são decorrentes da insanidade humana associadas às periódicas alterações planetárias surgidas a cada 10 mil anos. Com relação à essas alterações planetárias, temos que aprender a nos ajustar a elas; porém, com relação às ações humanas a biologia nos ensina que já estamos atrasados nas correções dos modelos de sociedades que construímos. Essa constatação levou-me a uma resposta animadora: Não! Não estamos condenados a presenciar a finitude do mundo. Se o mundo foi diferente e transformou-se, significa que ele é transformável. Se alcançarmos o limite do desequilíbrio ambiental, acredito que não prevalecerão as estultices ideológicas, teológicas e econômicas suicidas. A universalidade e permanência indelével do DNA como modelo da vida desde seus primórdios comprovam sua resiliência e força para dar continuidade à vida. Não irá se autodestruir. Como um dogma biológico, o DNA permanecerá; porém, sofrerá mutações evoluindo a partir de genes do Bem. Os sinais alvissareiros que mostrei no capítulo anterior são as indicações dessas possibilidades evolutivas.

Nesse momento da angústia afastada, imaginei outra possibilidade evolutiva. Outra forma de nos afastar dessa tragédia anunciada. Lembrei-me do famoso livro *O admirável mundo novo*, do escritor inglês Aldous Huxley. Foi escrito em 1932, mas o li no início da década de 1970. E antes de escrever esse capítulo o li novamente.

Esse autor, um dos escritores mais iluminados do ocidente, vivia em Londres, cercado por intelectuais e cientistas. Na década de 1930, a Europa atravessava mais um desajuste social e econômico que a levaria à ascensão do fascismo, nazismo e à Segunda Guerra Mundial. Além dessa crise contínua e das constantes e diabólicas disputas comerciais, os intelectuais da época se preocupavam com o crescimento demográfico desordenado, atingindo 2 bilhões de habitantes.

Diante desse quadro, Aldous Huxley nos presenteou com um livro ficcional, cuja trama se passa no ano 632 d.F. (depois de Ford). A invenção do sistema de "linha de produção" de Henry Ford em sua fábrica de automóveis, onde milhares de empregados desenvolviam atividades específicas (administração, fabricação de peças, montagem, acabamento, pintura), inspirou o autor a imaginar uma sociedade controlada por um Estado Mundial, cujo lema é "Comunidade, Identidade e Estabilidade". Nesse mundo novo, as pessoas eram produzidas em incubadoras e conforme a dosagem de oxigênio e de outros fármacos adicionados ao longo da "linha de produção", os embriões se desenvolviam predestinados para exercer determinadas funções ao longo da vida. Assim eram produzidas diferentes castas de pessoas, desde os "Ipsilon menos" (operários não pensantes e assexuados), capazes de executar apenas trabalhos repetitivos, até os "Beta", os "Gama" e os "Alfa-mais", predestinados a futuros Administradores. Todos eram condicionados a amarem seu destino social, do qual não era possível e nem permitido escapar. A sociedade era formada por milhões de gêmeos idênticos, "todos membros úteis e felizes da sociedade". Os casais não tinham função reprodutiva (uma obscenidade social) e a religião significava demonstração de ignorância. O sexo (homo ou hétero) era livre, pois fazia parte do prazer e diversão coletiva. A arte, a ciência e a verdade eram consideradas perigosas e incompatíveis com a felicidade e a estabilidade da sociedade, formada por pessoas criadas dentro de uma predestinação social rígida. Semelhante ao que ocorre em países teocráticos ou ditatoriais, a produção em massa de pessoas e de produtos demanda o controle desses "perigosos instrumentos" capazes de destravar as mentes. Com lucidez, competência e fino humor satírico, Aldous Huxley descreveu essa ficção buscando um caminho novo para a sociedade, mudando profundamente as pessoas. Mas essa ficção é correta?

Ao ler o livro fiquei extasiado com a criatividade do autor, mas minha reação posterior foi de tristeza. Uma sociedade assim uniformizada não é uma lastimável forma de totalitarismo? Essa padronização não é um desprezo pela liberdade e criatividade dos cidadãos? A repressão à criatividade não é a certeza de produzirmos pessoas tristes e deprimidas? Nosso futuro seria tão degradante assim, transformados em humanoides ou, melhor dizendo, humanos na forma, mas insetos no comportamento? Seria uma sociedade de humanos mentecaptos agrupados em castas produtivas, vivendo apenas para o bem-estar dos "Alfa-mais"? Qual a diferença entre uma sociedade futura totalitária assim constituída e as formas disfarçadas de opressão atuais? Indignado, minha reação foi crescendo, levando-me a antever um futuro auspicioso para a elite e amorfo para o restante das "pessoas". Duvidando de minha interpretação, lembro-me que me perguntei: foi isso mesmo que entendi, ou seria outra a ideia do brilhante autor? Para insetos sociais – cupins, formigas, abelhas – programados há milhares de gerações para viverem dentro dessa estrutura de rainhas, zangões, operários e soldados assexuados sabemos que vivem bem. Suas sociedades são organizadas e funcionais, com divisão perfeita e respeitosa das funções de cada habitante da colônia. Por outro lado, não possuem vontade própria, nem desejos reprodutivos, e muito menos liberdade de saírem de sua colônia para volteios inocentes. O DNA, modelo da vida, poderia ser tão modificado a ponto de alterar radicalmente a humanidade? Se existem problemas sociais graves desde nossos primórdios tribais, esse mundo novo proposto não seria muitas vezes pior?

Seria então possível imaginar uma sociedade equilibrada e harmônica, respeitando-nos como *Homo sapiens* dignos, solidários e livres para escolher seus destinos e forma de vida? Imaginei então uma alteração científica de nosso DNA. De acordo com os atuais avanços da biotecnologia, a engenharia genética poderia nos encaminhar para um destino biologicamente equilibrado e socialmente saudável? A biologia sintética (esclarecendo meu repúdio à difamação do valor das sementes crioulas, nativas, que representam um formidável banco genético) não produziu sementes transgênicas mais produtivas e mais resistentes às pragas? Nossa espécie não possui incontáveis pessoas dotadas de genes do Bem? Não estamos atravessando um período social conturbado decorrente do descontrolado crescimento da população mundial com 8 bilhões de habitantes, do ultrajante abismo social entre os muito ricos e os muito pobres, da absurda deterioração do meio ambiente, das irresponsáveis guerras religiosas e econômicas estimuladas pelos fabricantes de armas mortíferas? Essa constatação nos mostra que o momento de pensar diferente e buscar caminhos novos é agora. Não existe ainda uma fórmula pronta que preveja um apocalipse real, porém na voragem do consumismo irresponsável e das alterações climáticas que estão ocorrendo, minhas convicções biológicas não me dão o direito de me calar. Cheguei até em me questionar se seria adequado lançar mão de ferramentas biológicas para induzir um processo evolutivo direcionado para alguns objetivos, como o controle da natalidade, o equilíbrio econômico, social e ambiental, a valorização do coletivo, a informação correta para anular as manipulações ideológicas, teológicas e guerreiras. Mas esses objetivos são éticos e desejáveis? Alcançaríamos o tão desejado equilíbrio social e ambiental? Como poderia haver leis regulatórias corretas e isentas de interesses comerciais/políticos/religiosos dominadores?

Pensando melhor conclui que se tecnicamente a engenharia genética até seria capaz de realizar tamanha intromissão na humanidade, eticamente seria uma utopia imoral. Além disso, quem ou qual organização poderia elaborar projetos de tal envergadura e propor limites e condições para sua execução e bem-estar coletivo? Seria uma antecipação de nosso processo evolutivo natural ou apenas mais uma ficção científica mirabolante? Assim sendo, com tantas dúvidas e questões éticas por resolver, a prudência mostrou-me que devemos seguir com calma nossa trajetória, cônscios de nossas possibilidades e de nossas forças para vencer ou contornar as dificuldades. Ainda não é o momento de nos aventurarmos pelos caminhos estreitos da ficção científica incompleta. As ameaças ambientais são reflexos de nossa insanidade, mas ao mesmo tempo estimulam fantasias apocalípticas. A prudência nos mostra que mesmo diante de certas perplexidades aparentemente intransponíveis é preferível dar tempo ao tempo. E a biologia explica que o tempo é a delicada e eficiente ferramenta da evolução. É através dele que sempre teremos a chance de construirmos algo novo. E o tempo não tem idade, quer sejamos jovens ou idosos, sempre podemos construir algo melhor, podemos ser criativos, podemos alcançar futuros diferentes, alegres e brilhantes. Mas jamais poderemos nos conformar desolados diante do contraditório progresso tecnológico e a complicada estrutura social que nos metemos. Conforme a biologia nos mostrou, cada obstáculo que a humanidade enfrentou foi o estímulo esperançoso para alcançar a solução correta.

Essa constatação me encaminhou para uma ideia, a meu ver, mais completa ainda. Um DNA modificado e em equilíbrio perfeito e permanente é a fórmula retrógrada e perversa que inexoravelmente levará a comunidade humana, animal ou vegetal à estagnação. O DNA, com sua sábia e profícua tendência à competição e dominação, é a ferramenta que leva os seres vivos à desarmonia, porém é ela que nos leva à solução. E a busca da solução é o caminho para a evolução biológica e o progresso da comunidade. Demandou tempo, mas foi assim que saímos das cavernas e chegamos até aqui. Foi assim que surgiram os beija-flores e os bem-te-vis. Foi assim que surgiram as pessoas do Bem e do verdadeiro. E será assim que a humanidade evoluirá para o bem de todos.

Talvez agora seja importante lembrar que o fio que une os retalhos da vida devem ser fios do afeto, capazes de ativar uma rede latente na humanidade para promover mudanças. Seria o inconsciente coletivo junguiano despertando a força criativa, a garra das mulheres lutadoras o novo caminho a seguir?

Convencido dessa realidade voltei a dormir tranquilo, relembrando que nossa vida é aqui e agora, usufruindo cada momento e nos maravilhando com as apoteoses de cada dia. Como o futuro não está determinado é mais seguro construí-lo com diálogo, conhecimentos positivos e respeito solidário. É dessa forma que a biologia explica, mostrando que o DNA evoluirá na direção da grandeza humana. Quem viver, verá!

A apoteose do Planeta Terra é ter dado condições para o surgimento da vida e mantê-la por meio de uma biodiversidade esplendorosa, da qual fazemos parte. A apoteose humana são as conquistas científicas e tecnológicas, as manifestações artísticas inspiradoras coletivas do bem, do bom, do belo e da solidariedade comunitária e nos extasiar com músicas de boa qualidade como o Bolero de Ravel, as Bachianas Brasileiras, n. 5 de Heitor Villa Lobos, a Nona Sinfonia de Beethoven, a contagiante canção I Will Survive, do filme Priscila, a Rainha do Deserto, as músicas de Alceu Valença ou a belíssima composição de Gonzaguinha *O que é, o que é.*

Meu caro leitor, tentei descrever minha forma de viver e pensar, pois imaginei que poderia esclarecer a razão de alguns posicionamentos que tenho. Como já disse, tive uma infância, juventude, maturidade e velhice especiais e felizes. Sei que meus pais, meus irmãos, amigos, professores, chefes, colegas, minha esposa, meus filhos, meus netos, netas e bisnetas, meus bichos e plantas são os artesãos dessa jornada. Sou produto do meio, isto é, "eu sou porque nós somos" e assim compartilho com cada um a riqueza que é viver. Minhas ideias são fruto também de muito estudo e muita observação. A biologia, essa ciência que tenta entender e explicar a vida, mostra que se o DNA conseguiu atravessar 3 bilhões de anos incólume, é porque tem muita determinação para encarar e vencer os obstáculos. Saberá conduzir a vida e aprimorá-la. Nisso eu tenho fé. E, portanto, vamos ajudá-lo na construção de um mundo melhor, pois se o DNA foi capaz de criar e manter a vida, agora cabe a nós a tarefa de recuperar as abomináveis agressões ambientais cometidas pela insanidade humana e restaurá-la conforme as imutáveis leis da natureza.

"Não podemos nos render à narrativa de fim do mundo que tem nos assombrado, porque ela serve para nos fazer desistir dos nossos sonhos, e dentro dos nossos sonhos estão as memórias da Terra e de nossos ancestrais" (Ailton Krenak, 2022). Hoje, mais do que ontem, conhecemos os valores positivos e negativos da humanidade. Hoje, mais do que ontem, sabemos da importância maior de preservar o meio ambiente, de valorizar a vida de cada espécie desse Planeta, pois prejudicando uma, prejudica-se todas. Vivemos em uma rede onde cada linha, cada nó, cada ponto, cada espaço e cada retalho nos une e pode nos levar para a apoteose da vida no Planeta ou para a continuidade da mesmice insana. Hoje, mais do que ontem, somos capazes de fazer a diferença entre esses caminhos. A grandeza da biologia se encaixa nisso: é capaz de nos explicar as diferenças dos caminhos e nos mostrar a direção para construirmos a apoteose planetária. Não precisamos construir um mundo melhor. Precisamos formar pessoas melhores para o mundo. Cabe a nós a escolha, pois o DNA precisa continuar ativo. Aleluia, aleluia!

Apêndice

O controle do *Aedes aegypti*

Esse apêndice não constava dos meus planos ao iniciar a escrita deste livro. Agora, ao concluir o texto, achei importante descrever minha participação na história do momento que estamos vivenciando nesse verão de 2023/2024: a infestação do mosquito *Aedes aegypti* e a transmissão dos vírus Dengue, Chikungunya e Zika. Felizmente o vírus responsável pela febre amarela urbana não está circulando novamente. Existe entre nós, mas apenas em ambientes silvestres. Um dos motivos da ausência desse vírus urbano é o efeito da vacina. Essa eficiente vacina foi desenvolvida há muitos anos, e quando aplicada na população residente em áreas de risco, a ocorrência de surtos urbanos é rara. Mas o vírus da febre amarela silvestre ainda promove surtos da doença entre os macacos, podendo promover grandes mortandade entre eles. Esse vírus é transmitido pelo mosquito *Haemagogus janthinomys* (verde metálico), razão pela qual o vírus, eventualmente, pode ser reintroduzido em áreas urbanas, porém mantido aí pelo *A. aegypt*i. Conforme a biologia explica, os *Haemagogus* cumprem sua função biológica de controle populacional de nossos primos, os primatas silvestres.

Com relação ao grave e amplo surto daquelas viroses que estamos enfrentando, os jornais, rádios e programas de TV divulgam informações constantes e alarmantes sobre o assunto. Como sempre ocorre, algumas informações são corretas, importantes e esclarecedoras, outras, mesmo recheadas de boas intenções do articulista, estão equivocadas ao tentar explicar a explosão dessas pragas incriminando o governo, quer seja municipal, estadual ou federal. Penso que existem diversas causas responsáveis pelos surtos periódicos, mas poucos se lembram das verdadeiras causas. A meu ver a biologia pode explicar com isenção as causas primárias dessa intensa presença de vetores (os mosquitos) e dos causadores das doenças (os vírus). Diante do que escrevi sobre a total interdependência das espécies, acredito que o leitor compreenderá as razões desse ciclo biológico. Aliás, foi em razão dessa forma biológica de ver o mundo que achei necessário escrever esse apêndice!

Segundo consta, há cerca de alguns bilhões de anos, mosquitos, moscas, baratas e milhares de outras espécies de insetos e milhares de outros animais e vegetais estão vivendo nesse Planeta. Dessas milhares de espécies de insetos, talvez pouco mais de duas centenas sejam nocivas. A grande maioria é necessária e útil para o equilíbrio ambiental e podemos dizer que sem elas o "sistema vida" seria inviável. Com essa longa adaptação evolutiva, os insetos, tanto os úteis como os nocivos, se tornaram guerreiros quase imbatíveis. E muitos deles, especialmente os nocivos, se multiplicam aos milhares porque os humanos favorecem a vida e a reprodução deles. Isso mesmo, podemos dizer que muitas doenças ocorrem porque organizamos uma sociedade que favorece o surgimento e a manutenção dos causadores das doenças, assim como de seus transmissores.

Mosquitos, pernilongos, muriçocas ou carapanãs são sinônimos de todos os insetos pertencentes à Família Culicidae, que apresenta cerca de três mil espécies descritas no mundo. Mas sob o ponto de vista de saúde pública, apenas cerca de uma dúzia deles são transmissores de algum patógeno (agente da doença, causada por vírus, protozoários ou helmintos). A distribuição geográfica é muito variável, pois a maioria é encontrada apenas em países ou regiões restritas, enquanto algumas poucas, como o *Aedes aegypti* são encontradas no mundo todo. De toda forma, todos os mosquitos dependem de coleções de água (limpa ou poluída, conforme a espécie) para colocar os ovos e daí passarem pelas fases de larva, pupa e adulto. No verão o ciclo dos mosquitos varia entre sete a dez dias, enquanto no inverno pode demorar meses. Somente as fêmeas são hematófagas, isto é, se alimentam de sangue e assim podem transmitir doenças. Os machos não são hematófagos, porém como as fêmeas, se alimentam de seiva, néctar e frutos. A longevidade dos mosquitos é curta, vivendo o suficiente para cumprir suas funções biológicas, ou seja, variando entre vinte a sessenta dias. A dispersão pelo voo a partir do criadouro é muito variável. Enquanto o *A. aegypti*, atinge pequenas distâncias (usualmente 100 m), outras espécies podem voar vários quilômetros.

O *Aedes aegypti* é um mosquito originário da África e se dispersou pelo mundo, sendo o principal transmissor da febre amarela urbana. Foi introduzido nas Américas, inclusive no Brasil, durante e após o tráfico de escravos. No final da década de 1950 tinha sido erradicado do país, porém ainda permanecendo em países do norte da América do Sul, algumas ilhas do Caribe e no sul dos Estados Unidos. Infelizmente, em 1967 foram encontrados alguns focos de *A. aegypti* em Belém e São Luis pelo Serviço de Vigilância Sanitária. Diante da gravidade da reintrodução desse mosquito, prontamente foi realizada uma intensa campanha de controle e mesmo usando-se o potente DDT, não se conseguiu contê-los. O DDT era o melhor inseticida, porém diante de sua grave toxicidade para humanos e meio ambiente, a partir de 1998 foi proibido no Brasil e no mundo.

Ao final da década de 1970 e início de 1980, o *A. aegypti* já havia se dispersado no país e em diversos países latino-americanos, promovendo graves surtos de Dengue.

A imprensa se empenhou em divulgar o problema e o assunto se tornou de domínio público. Mas é importante enfatizar que os surtos ocorrem repetidamente nos períodos mais propensos à proliferação do mosquito: verão, chuva, festas de Natal, férias e carnaval, quando os cidadãos se esquecem de cuidar das suas casas e o mosquito, nesses períodos, usa toda sua potencialidade reprodutiva e de transmissão de patógenos (= agentes da doença). Nos meses mais secos e frios (maio a agosto) as atividades do *A. aegypti*, inclusive a reprodução, se tornam reduzidas e as fêmeas colocam seus ovos nas paredes de criadouros secos, onde hibernam, aguardando as próximas chuvas do verão, quando reiniciam seu ciclo de atividades e transmissão de doenças.

A transmissão de patógenos pelos insetos é uma função biológica que precisa ser enfatizada. Conforme disse anteriormente, a família Culicidae possui cerca de três mil espécies, cujas fêmeas são hematófagas e possuem potencial de transmitir diversos patógenos, no entanto apenas cerca de uma dúzia veiculam doenças entre os humanos. E qual o motivo da existência de tantas espécies? A resposta está relacionada com as leis da biologia, citadas no início deste livro. Aqui me refiro á lei da interdependência dos seres vivos para a manutenção do "sistema vida" ativo. Ou seja, as dezenas de patógenos (vírus, bactérias, protozoários etc.) circulam permanentemente entre os hospedeiros (aves, répteis, mamíferos) e os insetos participam cumprindo três funções biológicas: a) a perpetuação dessas vidas; b) o controle populacional dos hospedeiros através das doenças fatais; c) a decomposição e reciclagem dos mortos a partir da atividade de fungos, bactérias, moscas, coleópteros etc. A partir da decomposição e reciclagem dessa matéria orgânica, a natureza fica livre de montanhas de entulhos, permitindo a reutilização dos componentes químicos dos corpos e abrindo espaço para as novas gerações, se refazendo na sucessão das estações do ano: verão, outono, inverno e primavera. Nossa sociedade age ao contrário: forma grandes entulhos, degradando e poluindo o meio ambiente, além de ocupar espaços devido o aumento populacional descontrolado.

É em razão de insetos hematófagos urbanizados e patógenos silvestres que eventualmente os residentes em cidades podem se contaminar. Além das viroses transmitidas pelo *A. aegypti*, outras espécies de mosquito podem transmitir diferentes patógenos, sendo a malária, causada pelo *Plasmodium* (um protozoário), a mais grave. Provavelmente os hospedeiros primitivos do *Plasmodium* fossem primatas africanos, adaptando-se posteriormente aos humanos. "É uma doença muito antiga, mas continua sendo dos principais problemas de saúde pública mundial. Estima-se que a doença afete cerca de 230 milhões de pessoas, resultando em 400 mil mortes a cada ano." É transmitida por espécies de *Anopheles*, o famoso "mosquito prego" (esse nome decorre de sua posição ao pousar nas paredes). Até hoje não existe uma vacina contra o *Plasmodium* (algumas estão em fase de teste), porém existem medicamentos eficientes. Até os anos 1950 a malária era largamente disseminada no mundo e no Brasil, mas diante de uma campanha bem feita para o seu controle e tratamento, em nosso país está restrita a algumas regiões da Amazônia (garimpos e madeireiras clandestinas).

Também ocorrem grandes epidemias e pandemias humanas, sem interferência de insetos, conforme foi a "gripe espanhola" (que na realidade se originou nos Estados Unidos) durante os anos 1918/1920, matando quase cem milhões de pessoas ao redor do mundo, a tuberculose (peste branca) que no final do século XIX e início do século XX (era industrial), matou milhões de pessoas e, recentemente, a grave pandemias de Covid-19 ao redor do mundo. Aliás, outras grandes pandemias já acometeram a humanidade na antiguidade, como a peste negra ou peste bubônica, causada pela bactéria *Yersinia pestis*, encontrada em ratos e transmitida pela pulga *Xenopsylla cheopsi*, matando, nos séculos VI e XIV cerca de 1/3 da população da Europa e Ásia.

Essas epidemias e pandemias humanas, sob o ponto de vista biológico, teriam a função primária do controle populacional de nossa espécie. Ou seja, se antes da Revolução Industrial (iniciada em 1760) o crescimento populacional era lento, pois havia um controle biológico da população mundial (havia cerca de 750 milhões de habitantes), a partir dela ocorreu uma transformação social e urbanização da sociedade, dando início à explosão demográfica. De um bilhão de habitantes em 1800, passamos para 2500 bilhões de pessoas em 1950. A profunda modificação da estrutura produtiva mundial também levou a ciência a desenvolver vacinas, antibióticos, medicamentos, cuidados higiênicos individuais e coletivos, com programas de prevenção e saúde pública. Ou seja, a ciência nos mostrou os caminhos para enfrentar e driblar as leis biológicas. Mas, por outro lado, podemos afirmar que nossa espécie, pelo excesso populacional, alterações ambientais e desequilíbrio social, em verdade, tem colaborado muito para a ocorrência de surtos, epidemias e pandemias. Ou seja, os insetos e as doenças estão aqui porque nós deixamos! E conforme disse, o verão tem importância fundamental na velocidade da biologia dos mosquitos, porque enquanto nos meses frios a duração do ciclo entre a postura do ovo e o nascimento do adulto demora de um a vários meses, nos meses quentes o tempo de ovo a adulto é cerca de uma semana!

E como deve ser feito o controle do *Aedes aegypti*?

Na década de 1980 ocorreram surtos de Dengue em diversas partes do mundo e o controle indicado era aspergir "fumacê" pelas ruas e avenidas (com recomendação de deixar portas e janelas abertas para o veneno poder entrar nas casas), uso de inseticidas nos criadouros públicos e domésticos e pouca ou nenhuma recomendação para as pessoas cuidarem de suas próprias casas. Os fabricantes de inseticidas ganharam fortunas, os surtos de Dengue se ampliaram e os mosquitos aproveitaram a "colaboração" humana, oferecendo-lhes milhares de criadouros próximos, ou seja, os humanos ofereciam casa e comida para os famintos e prolíficos mosquitos.

Mas diante do fracasso do uso de inseticidas (não eliminava o mosquito e intoxicava bichos, gente e o meio ambiente), entomologistas de várias partes do mundo passaram a condenar essa forma de combater o mosquito. Assim, em 1989 o entomologista D. A. Gubler publicou em uma revista científica internacional um trabalho sobre os sucessos e fracassos no controle do *A. aegypti* no mundo, mostrando que onde se fazia o controle através da participação das pessoas na eliminação dos focos em suas casas, o resultado era muito mais eficiente, mais barato e sem problemas de intoxicação. Pois bem, conhecedor dessa publicação e tendo tido a experiência do controle do *Culex* na Pampulha, também passei a condenar o uso de inseticidas e decidi participar de um congresso sobre o controle do *A. aegypti*, que iria acontecer no Rio de Janeiro. Vivíamos o verão de 1991. O que aconteceu? Um horror!

Não fiz a inscrição para participar do Congresso. Juntamente com alguns estagiários do laboratório de entomologia do ICB/UFMG resolvemos participar na última hora. Era um Congresso organizado pela SUCAM (Superintendência das Campanhas, órgão do Ministério da Saúde) e patrocinado pela Bayer, a maior fabricante de inseticidas do mundo. Em razão disso a participação no Congresso era livre, pois era interesse da empresa ter muitos participantes. E teve: o enorme auditório estava repleto.

Como é meu costume em Congressos, gosto de ler os cartazes dando as informações e, naquele auditório, só encontrei grandes cartazes mostrando as toneladas de inseticidas gastos no Brasil, inclusive um, denominado "Abate", recomendado para ser adicionado aos recipientes com água potável. E diante de tanto gasto com inseticida e tanto *Aedes* transmitindo doenças, fiquei indignado e pedi a palavra. Como era um congresso internacional, havia tradução simultânea para o inglês e o diretor da Bayer (um suíço) estava na primeira fila. Realmente estava indignado e condenei totalmente o modelo de controle usado pela SUCAM. Nisso, o diretor da Bayer tirou o fone dos ouvidos e passei então a falar em inglês, dirigindo-me a ele. Disse-lhe o seguinte: "se o senhor aceita que seus filhos e seus conterrâneos bebam dessa água envenenada com Abate, eu deixarei que meu povo também a use". Metade da plateia e da mesa diretora me aplaudiu com entusiasmo, e a outra metade não se manifestou. No intervalo fui assediado pelos que não aplaudiram e me disseram: "era necessário que um corajoso falasse o que você falou".

Foi a partir desse Congresso e do trabalho do Gubler, estimulando a participação da população no controle do *A. aegypti* que se mudou a forma de combater esse pernilongo. Em linhas gerais consiste em duas vertentes: a) Aos vigilantes sanitários cabe a eliminação dos criadouros em lotes vagos e áreas públicas, entrar em residências fechadas, aplicar inseticidas em criadouros fixos (piscinas abandonadas, lajes de residências sem telhado); b) Aos cidadãos cabe eliminar os criadouros domésticos. Não é uma transferência de responsabilidade e sim uma orientação e estímulo para a coparticipação dos cidadãos em uma atividade coletiva.

Essa metodologia foi muito bem pensada e programada, tanto pelo Ministério, como pelas Secretarias Estaduais e Municipais de Saúde, que se empenharam totalmente na campanha. As Secretarias de Educação também realizaram um trabalho muito rico de educação cívica, estimulando e conscientizando os alunos a participarem de um trabalho coletivo. Como somos uma espécie gregária e social, havendo unidade de objetivos a participação é necessária, gratificante e produtiva. A imprensa teve uma função importante ao divulgar e estimular o envolvimento dos cidadãos no combate aos criadouros em suas próprias casas. Esse engajamento da sociedade é fundamental para o sucesso ou fracasso da metodologia, pois mais de 80% dos criadouros estão nas residências.

O resultado dos trabalhos era ansiosamente aguardado pelos entomologistas. Realmente no início foi nítida a redução dos mosquitos, além da satisfação dos cidadãos em colaborar com um trabalho que iria beneficiar o participante e toda a comunidade. Acontece que em trabalhos coletivos há necessidade da participação de um grande contingente de pessoas. O mesmo acontece nos programas de vacinação: só é eficiente se muitos forem vacinados, formando uma barreira contra o patógeno. Se opiniões contrárias, negativas ou falsas (como ocorreu com a COVID-19) condenam a vacinação ou desestimulam o valor de se cuidar da própria casa, o sistema falha. Apesar dos resultados positivos iniciais, o resultado final não correspondeu ao esforço despendido. E por que o resultado não foi o esperado? Porque não ocorreu a adesão total da população ao programa. Faltou um sentimento de pertencimento ao bem coletivo, talvez provocado por picuinhas políticas, imagino eu. O desrespeito ao outro, o individualismo e a indiferença são frutos da ignorância e do crescente obscurantismo em nossa sociedade e também são as causas da presença de doenças e outras pragas em uma comunidade. Permanecem e nos afligem porque deixamos.

Mas de toda forma estou convencido que essa metodologia preconizada ainda é a mais eficiente, desde que seja iniciada antes do início do verão, mantendo-se a vigilância sanitária ativa, pois só a vigilância poderá indicar a necessidade de repetição dos trabalhos. Continuo afirmando que se cada cidadão eliminar a água de seu vasinho de flor, esse é o sinal promissor que nosso povo está evoluindo e trabalhando para o bem público. A partir desse simples e significativo gesto poderemos fazer do nosso querido país uma grande Nação!

David Pereira Neves
Belo Horizonte, junho de 2024,
empolgado com o novo caminho direcionado
para a união e a reconstrução de nosso País.